I0505363

KONEC
TEORIJE VELIKEGA POKA

RENESANSA FIZIKE

Srečko Šorli
Samostojni raziskovalec: COBISS 91689
Inštitut za Bijektivno fiziko
www.bijectivephysics.com

Vir za fotografijo na naslovnici je
European Southern Observatory

Predstavitev avtorja: Srečko Šorli sem sonaravni kmet in samostojni raziskovalec. Objavil sem okoli 100 znanstvenih člankov in 10 knjig. Moj glavni interes je raziskovanje Einsteinove Relativnostne teorije, ki je temelj razvoja fizike in znanosti nasploh. Albert Einstein, Max Planck in Ervin Schrödinger so moji vzorniki. Postavili so temelje fizike, ki so večni. Njihova fizika je delo kozmične inteligence. Znali so slišati glas vesolja. Fiziki danes slišijo le glas njihovega uma. Izmišljujejo si in odkrivajo stvari, ki jih ni. Higgs mehanizem je klasični primer lažnih odkritij, ki se potem nagradijo z Nobelovo nagrado. Moja knjiga je vzpodbuda mladim fizikom, da vrnejo fiziko na pravo pot. Resnični fizik je orodje kozmične inteligence. Ljudje, da bi postali fiziki, morajo študirati. Potem postanejo fiziki po izobrazbi. Jaz imam srečo, meni je bila fizika položena v zibko. Jaz sem rojen fizik in v tem je moja prednost. Bijektivna raziskovalna metoda ima moč, katero bodo odkrili bodoči rodovi. Ta moč loči seme od plevela. Volje, da bi ločili resnično od zmotnega, danes v znanosti ni. Ker znanost je le še orodje kapitala, ki razume edino na besedo »profit«.

VSEBINA:

1. David proti Goljatu na »polju fizike«

Ljubezen do fizike sem imel že v otroštvu. Gledal sem v nočno nebo in se spraševal o vesoljni prostranosti. Moja otroška izkušnja je bila, da je vesolje živo, da smo ljudje in življenje le majhen del ogromnega neskončnega vesolja.

V osnovni šoli sem imel dobre ocene, čeprav se nisem učil. Raje sem bil zunaj, na travnikih ali v gozdu blizu naše hiše. Tudi danes živim v naravi, na samotni kmetiji v Tolminskih hribih. V srednji šoli sta me zanimali le matematika in fizika, vendar sem bil razočaran, ker sem uvidel, da učitelji stvari, ki nas jih učijo, ne razumejo v globino. Poučujejo nas, kar so prebrali v knjigah.

Odločim se za študij geodezije. Edini razlog je bil, da je bilo to delo v naravi. Nisem si mogel predstavljati, da bi življenje preživel v pisarni. Diplomiral sem leta 1980 in nekaj let delal kot inženir. Veliko časa sem preživel v naravi, bil sem zadovoljen v službi, vendar zdolgočasen. Delo ni bilo dovolj zahtevno. Moje zanimanje tistih dni je bila "deja vu" izkušnja. Zgodilo se mi nekajkrat, da se je čas ustavil, imel sem močno izkušnjo brezčasnosti. Najbrž se je kdaj zgodilo tudi vam. Mislim, da se »deja vu« kdaj pa kdaj zgodi vsakomur. Mogoče ob kakšnih posebnih priložnostih, toda ta zanimiva izkušnja brezčasnosti je skupna vsem ljudem.

Izkušnje "deja vu" so povečale moje zanimanje o tem kaj je čas. Prebral sem vse knjige na temo časa in začel s preučevanjem Einsteinove relativnosti. Einsteinov pogled na čas je bil revolucionaren. Zanikal je obstoj fizičnega časa. V nekaj letih študija sem se zavedal, da znanost še vedno živi v iluziji linearnega fizičnega časa, v katerem se dogajajo spremembe. Po desetih letih študija sem odkril, da v materialnem vesolju ni fizičnega linearnega časa. Vesolje je povsem brezčasno, čas teče le kot zaporedje dogodkov v prostoru, ki pa je brezčasen. Dogodki sami po sebi nimajo trajanja. Trajanje, da bi obstajalo, je potrebno izmeriti. Moja spoznanja o resnični naravi časa so me navdušila in tako se je začela moja življenjska zgodba "David proti Goljatu na polju fizike".

Spomladi 1990 sem organiziral konferenco na temo časa v Cankarjevem domu. Povabljenih je bilo približno 8 profesorjev iz različnih fakultet. Moj največji nasprotnik je bil fizik prof. Janez Strnad. Močno je nasprotoval moji predstavi o času kot zaporedju dogodkov. Profesor Strnad je bile predstavnik stare šole fizike, kjer je čas četrta fizikalna dimenzija prostora.

Konferenca je bila dobra, razprave so bile konstruktivne. Moj vpogled je bil, da filozofi vidijo čas po svoje, fiziki na svoj način, psihologi na svoj način. Toda v vesolju obstaja samo en čas. Toliko različnih slik o času v različnih vejah znanosti je zame predstavljalo velik izziv. Moja vizija je bila razvoj znanost, kjer bodo naravoslovne in humanistične znanosti poenotene in bodo vsi z istimi očmi videli čas, celotno vesolje, vključno z življenjem.

Bil sem razočaran in kar jezen, ker moja vizija časa ni bila dobro sprejeta. Meni je bilo kristalno jasno, da v materialnem vesolju ni fizikalnega časa. Ker sem trmast in vedoželjen, sem se odločil, da bom nekoč objavil članek na temo časa kot zaporedja dogodkov v brezčasnem prostoru. Potreboval sem štiriindvajset let, da sem dosegel cilj. Sedmega oktobra 2014 je revija Springer "Temelji fizike" (Foundations of Physics) objavila članek z naslovom "Perspektive numeričnega reda materialnih sprememb v brezčasnih modelih fizike". Članek sem objavil skupaj z italijanskim fizikom Davidom Fiscalettijem.

Z vsemi znanstvenimi argumenti sva dokazala, da je čas le numerično zaporedje dogodkov v prostoru. Bil sem vesel in čakal, da me kdo pokliče, da se udeležim raziskav na kateri od pomembnih univerz ali inštitutov. Zame je bil ta 27 strani dolg članek z lucidnim vpogledom v resnično naravo časa izjemen dosežek. A nič se ni zgodilo. Videl sem, da fizike resnica ne zanima. Zanima jih le pridobivanje denarja za njihovo raziskovanje, objavljanje člankov, udeleževanje na konferencah in slava, ki temu sledi. Nikogar ni zanimala moja nova znanstvena paradigma, zlasti ne nova vizija fizike.

6

Dolgoletni študij časa je poglobil moje znanje fizike. Razvil sem celotno Teorijo relativnosti, ki je bila opolnomočena z dvema novima spoznanjema: čas je le zaporedje dogodkov v prostoru in prostor ima spremenljivo gostoto. Vsak fizični objekt zmanjšuje gostoto prostora točno za količino svoje energije. Razširil sem Einsteinovo formulo $E = mc^2$ in uspel objaviti članek v ugledni reviji »Scientific Reports« 13. avgusta 2019 z naslovom „Razširitev principa ekvivalentnosti mase in energije na super fluidni kvantni vakuum" (Mass–Energy Equivalence Extension onto a Superfluid Quantum Vacuum). Lahko ga najdete na Googlu. Ta članek simbolično pomeni kamen, ki ga je David vrgel v čelo Goljata in ga vrgel na tla. Einsteinova formula $E = mc^2$ je razširjena v formulo:

$$\frac{E}{c^2} = m = (p_{max} - p) \cdot V \quad (1).$$

Ta formula velja od protona navzgor do črnih lukenj. p_{max} je gostota prostora daleč stran od nekega fizikalnega telesa, p_{min} pa je gostota prostora na površini fizikalnega telesa in V je volumen telesa.

Goljat, ki simbolizira staro paradigmo fizike se trdno oprijema stare paradigme, v kateri je prostor prazen. Ko je bil moj članek objavljen, nekomu ni bil všeč, kajti, moj drugi članek "Napredki teorije relativnosti", ki sem ga poslal isti reviji, je bil zavrnjen. »Sive eminence« so poklicale glavnega urednika in se pritožile nad mojim prvim člankom. Niso napisali komentarja na članek, niso pisali meni, pritisnili so na urednika. Želijo, da se moj članek odstrani, kajti, z idejo, da ima vesoljni prostor fizikalne lastnosti (spremenljivo gostoto) prinaša novo vizijo v fiziko, sive eminence pa ne marajo novosti, oni so zaverovani v pravilnost super-simetrije, kozmologije Velikega poka in »dognanj« fizike v pospeševalnikih. Članek sem zaenkrat uspel objaviti kot »pred-objavo« pri založbi MDPI iz Švice. Mojega drugega članka na temo kozmologije, "Črne luknje pomlajujejo vesolje" MDPI ni kotel objaviti. Nihče nima poguma, da bi rekel, da je model Big Bang popoln polom. Ne le Big Bang kozmologija, ampak tudi celotna fizika razvita v pospeševalnikih, je lažna. Noben od delcev, odkritih v pospeševalnikih, v fizikalnem vesolju nima samostojnega obstoja. Vsi ti delci so trenutni tokovi energije, ki se tu in tam sprostijo ob trkih. Takoj izginejo nazaj v energijo vesoljnega prostora, ki je primarna ne-ustvarjena energija vesolja.

Za fiziko sta dejstvi, da sta Veliki pok in fizika razvita v pospeševalnikih napačna prevelik šok, da bi se bili z njim pripravljeni soočiti. Nihče ni pripravljen videti resnice. Jaz sem prva ptica znanilka resnice. To je zgodba mojega življenja. 35 let raziskav, ki odkrivajo, da sta kozmologija Velikega poka in fizika pospeševalnikov dve mrtvi veji fizike. Morali bi mi dati vsaj tri Nobelove nagrade. Vendar bi me radi odmislili, želijo, da bi bilo moje delo nevidno. Moji člani so ignorirani, kot da jih ni. Zakaj je fizika v tako globoki psihološki krizi in se izogiba resnici? Bil bi več kot vesel, če kdo komentira moje članke in mi reče, da se motim. Razlog je v tem, da je fizika zadnjih petdeset let "razumska stvaritev brez opazovalca«. Opazovalec v fiziki danes je mrtev. Fizika zadnjih petdeset let je izgubila samorefleksijo. Postala je religija sama sebi. Fiziki drug drugega prepričujejo, kako imajo prav in si delijo Nobelove nagrade. Soočenja z drugače mislečimi, ki imamo tehtne argumente, ni. Če imate drugačno mnenje, niste več v igri. Pomembne revije zavračajo vaše članke z izgovorom: »Vaš članek ni v skladu z uredniško politiko naše revije«. Nikogar ne zanima tvoja tema in argumenti, če si proti obstoječi paradigmi, si odpadnik.

Napredek fizike je v soočenju. V mojih člankih ni nobene napake, ker vse moje delo temelji na bijektivni metodologiji raziskovanja, kjer pripada vsakemu elementu v modelu točno določen element v fizikalni realnosti. Ne izumljam novih elementov v teoriji, da bi opisal nek pojav. Higgsov mehanizem je šolski primer uvajanja novega elementa v fiziko, da bi se opisal izvor mase elementarnih delcev. Če bi fiziki vedeli, kakšna je razlika med inercialno maso elementarnega delca in maso kot obliko energije delca, ne bi nikoli razvili modela Higgsovega mehanizma.

Danes fizika stagnira predvsem zaradi tega, ker fiziki ne razlikujemo modela od fizikalne resničnosti. Fiziki mislijo, da so njihovi modeli fizikalna resničnost. To je zato, ker so popolnoma identificirani z mislimi. Ko se boste zavedali, kako deluje vaš znanstveni um, boste delali najboljše. Uporabljali boste svoj um kot orodje, njegovo delovanje ne bo več vplivalo na izgradnjo teoretičnih modelov. Zavedanje o delovanju razuma vas bo postavilo izven vašega psihološkega časa. Začeli boste ustvarili fiziko iz božanske perspektive zavestnega opazovalca, kot so to počeli Albert Einstein, Max Planck in Erwin Schrödinger.

David in Goljat

Nisem proti Goljatu. Želim samo, da odpre oči, da bo videl vesolje s čistimi očmi brez preteklosti in starega znanja. Želim si, da Goljat postane božanski plesalec. Postane eno z vesoljem in spontano vstopi v globlje znanje kozmične inteligence. Resnično lahko veste o nečem le tako, da postanete eno z njim.

Kozmična inteligenca upravlja vesolje s kozmičnimi enačbami. Vesolja ne moremo prisiliti, da bi deloval v skladu z enačbami, ki so se ji spomnili ljudje. Fizika pomeni uglasitev s kozmično inteligenco in odkrivanje obstoječih kozmičnih enačb.

2.   Konec teorije Velikega poka

Fizika potrebuje ponovni pregled njenih temeljev. V tej knjigi bomo to storili skupaj, korak za korakom. Fiziko bomo ponovno preučili in sicer le na podlagi eksperimentalnih podatkov. To ne bo potovanje v labirinte teoretskih špekulacij. Če imate radi eksotično fiziko, ta knjiga ni za vas. Raje preberite Michio Kaku, Carla Rovellija, Briana Greena ali Leeja Smolina. Ta knjiga pa je namenjena ljudem, ki so pripravljeni sprejeti resnico o današnji fiziki. Za to potrebujete pogum in neodvisno svobodno inteligenco.

Vesoljni prostor je neskončen

Leta 2014 je NASA izmerila, da ima vesoljni prostor obliko Evklidskega prostora. Izmerili so kote trikotnika, ki so jih tvorila tri nebesna telesa, njihova vsota je bila 180 stopinj. To pomeni, da ima univerzalni prostor Evklidsko obliko in neskončen volumen. Količina energije v obliki vesoljnega prostora je neskončna, količina energije v obliki snovi v prostoru je neskončna.

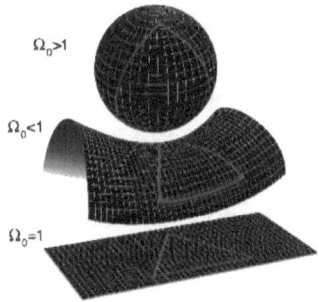

$\Omega_0 > 1$

$\Omega_0 < 1$

$\Omega_0 = 1$

Univerzalni prostor ima Evklidsko obliko, je raven

$$E_{prostora} = \infty$$

$$E_{materije} = \infty$$

Da ima vesolje neskončno količino energije, temelji na meritvah NASE. Če bi potovali po ravni črti po vesolju, bi zmeraj imeli približno isti pogled in nikoli se ne bi vrnili na isto mesto. To dejstvo bomo vzeli kot enega izmed argumentov pri raziskovanju verodostojnosti teorije Velike poka.

Vesoljni prostor je neodvisen od časa

Čas je tisto, kar merimo z urami. Z urami merimo trajanje materialnih sprememb, torej gibanja v prostoru. Na podlagi našega osnovnega opazovanja čutil lahko sklepamo, da spremembe tečejo samo v prostoru in čas je njihovo trajanje. V celotni fiziki nimamo niti enega poskusa, ki bi dokazal, da spremembe tečejo v času. Odpustili bomo ta koncept in sprejeli dejstvo, da je čas trajanje sprememb v prostoru. To pomeni, da se kozmične spremembe dogajajo le v prostoru in ne tudi v času. in da je kozmološki princip neodvisen od časa. Vesoljni prostor kot ga vidimo danes, je bil zmeraj isti, zmeraj je imel obliko Evklidskega prostora.

Materialne spremembe v vesolju so ireverzibilne. Ko sprememba X + 1 vstopi v obstoj, sprememba X ne obstaja več. Ko sprememba X + 2 začne obstajati, sprememba X + 1 ne obstaja več. Čas je numerični zaporedni vrstni red sprememb, ki potekajo v vesoljnem prostoru. Vsak pretečeni čas **t** je vsota Planckovih časov. Planckov čas je temeljna enota številčnega vrstnega reda sprememb.

$$t = t_{P1} + t_{P1} +, ..., t_{Pn} = \sum_{i=1}^{N} t_{Pi}$$

Izmerjen čas vsake spremembe je vsota Planckovih časov. Mogoče je to težko sprejeti, toda elementarno zaznavanje in eksperimentalni podatki nas podpirajo pri našem zaključku: v vesolju obstaja čas le kot zaporedje dogodkov. Da bi knjigo lahko razumeli, je potrebno, da vam je jasno glede obstoja časa. Če nimate jasne predstave, počakajte nekaj dni, da se vam misli o času skristalizirajo. Preden nadaljujemo z raziskovanjem temeljev fizike, je pomembno razumeti kaj je čas.

Splošno razmišljanje kozmologije danes, da se je vesolje zgodilo v nekem oddaljenem fizičnem času, je iluzija. Fizikalna preteklost ne obstaja in nič se ne more zgoditi v nečem, kar ne obstaja. Vesoljne spremembe se dogajajo samo v brezčasnem vesoljnem prostoru, ki je neodvisen od časa.

Preteklost in prihodnost se dogajata v istem vesoljnem prostoru. Kar se je zgodilo pred 100 leti, se je zgodilo v istem prostoru, v katerem berete to knjigo. In kar se bo zgodilo čez 100 let, se bo zgodilo v istem prostoru. Univerzalni prostor je neodvisen od časa.
Materialne spremembe v vesolju se ne dogajajo v času, čas je le trajanje sprememb. Trajanje, da bi lahko obstajalo, mora biti izmerjeno s strani opazovalca. Brez merjenja ni trajanja. Če ni spremembe, ni časa. Čas je epifenomen spremembe.

Časovna neodvisnost vesoljnega prostora pomeni, da je Veliki pok napačen model. Ni bilo začetka, ni bilo velike eksplozije, ni bilo obdobja napihovanja vesoljnega prostora - inflacije (kar je v nasprotju s prvim zakonom termodinamike), ni bilo obdobja rekombinacije, ki naj bi bilo izvor sevanja mikrovalovnega komičnega sevanja CMB. CMB je sevanje vesoljnega prostora in ni vezano na čas.

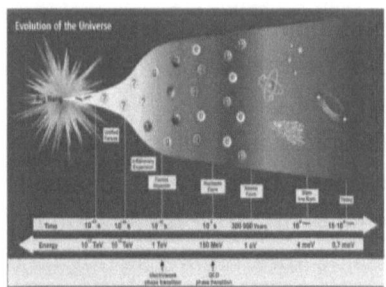

Napačna slika vesolja

Vesolje se ne širi. Premik k rdečemu spektru je posledica, da svetloba izgubi nekaj energije, ko se izvleče iz močne gravitacije oddaljenih galaksij.

V kozmologiji Velikega poka je starost vesolja ocenjena na 13,7 milijarde let, kar je $4,3 \cdot 10^{17}$ sekunde. Polmer opazovanega vesolja je 46,6 milijarde svetlobnih let, kar je $4,4 \cdot 10^{26}$ metra. Da bi po modelu Velikega poka dosegli velikost danes opazovanega vesolja, bi se po modelu Velikega poka moralo vesolje od svojega nastanka širiti s hitrostjo $1,02 \cdot 10^{9} \, ms^{-1}$. Hitrost svetlobe je pa $3 \cdot 10^{8} ms^{-1}$. Da bi lahko dosegli po modelu Velikega poka dimenzije današnjega vesolja, bi se moralo vesolje širiti s hitrostjo, ki bi morala biti 3,34-krat večja od svetlobne hitrosti. To kaže, da je vesolje po modelu Velikega poka veliko premajhno, glede na izmerjeno velikost vesolja. Hitrost širjenja vesolja danes je med $6,78 \cdot 10^{3} ms^{-1}$ in $7,4 \cdot 10^{3} ms^{-1}$.

Razlike med izmerjeno hitrostjo širjenja in izračunano hitrostjo širjenja v skladu z modelom Velikega poka (tako

16

da bi se model lahko uvrstil v obstoječi izmerjeni model) so velikostnega razreda 10^{16}. Razlika med hitrostjo današnjega širjenja in izračunane hitrosti na podlagi izmerjenih dimenzij vesolja so tako velike, da pomenijo konec kozmologije Velikega poka.

Zagovorniki skušajo to neskladje razložiti z neevklidsko obliko vesoljnega prostora (glej spodnjo sliko), kar pa ni pravilno. NASA je namreč izjemno natančno izmerila, da ima vesoljni prostor Evklidsko obliko.

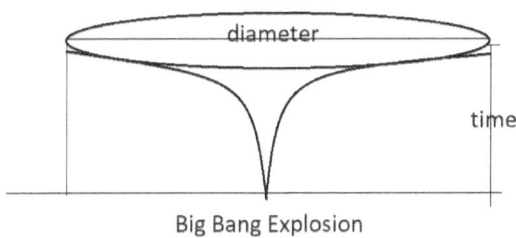

Big Bang Explosion

Neustrezna slika širjenja vesolja, ki temelji na predlagani Neevklidski obliki univerzalnega prostora

Singularnosti velikega poka niso realne

Ameriški fizik Alan Guth, ustanovitelj inflacijskega modela, je dejal sledeče: "V inflacijski teoriji se vesolje začne neverjetno majhno, morda sto milijard krat manjše od protona." Pred tem je bila velikost vesolja še manjša. Po Stephenu Hawkingu se je začelo iz nič, z matematične točke. Logična posledica tega scenarija je, da sta bili na matematični točki gostota energije in temperatura neskončni. Z eksplozijo se je vesolje začelo ohlajati in širiti. V matematiki neskončnost ni problematična. V fiziki pa je, ker je "neskončna temperatura + 100 stopinj = neskončna temperatura". Neskončnost ni metrični pojem. NASA je izmerila da ima vesolje Evklidsko geometrijo, kar pomeni, da ima vesolje neskončno velikost. Moramo razumeti, da neskončnost vesoljnega prostora ne pomeni singularnosti. Singularnosti ob začetku Velikega poka niso bile nikoli izmerjene. Če vzamemo vesolje kot množico X in model vesolja kot množico Y, lahko napišemo naslednjo enačbo, ki prikazuje vesoljni prostor kot element množice vesolje:

$$X: \{Sx\}$$
$$Y: \{Sy\}$$

kjer med dejanskim univerzalnim prostorom, označenim kot Sx, in modelom prostora Sy obstaja bijektivna funkcija:

$$f: S_X \to S_y.$$

Fizični univerzalni prostor Sx in njegov model Sy, ki je Evklidski prostor, sta povezana z bijektivno funkcijo. Neskončni tlak Py v modelu Velikega poka, neskončna gostota in neskončna temperatura Ty pa nimajo ustreznega elementa v množici X vesolja. Neskončni tlak, gostota energije in temperatura so čista nepreverjena špekulacija, ki ni dokazana z eksperimentom. Po Karlu Popperju lahko rečemo, da Veliki pok ni falsifiabilna teorija. Ne moremo je »preveriti«. Ne moremo je znanstveno dokazati, ne moremo je ovreči. Veliki pok spada v kategorijo psevdoznanosti. Po Bibliji je vesolje nastalo v šestih dneh, po kozmologiji Velikega poka je vesolje nastalo v manj kot sekundi. Pretekli čas je edina razlika med tema dvema teorijama. Teorija Velikega poka zahteva »začetni sunek« od zunaj, se pravi »Kreatorja«, Boga. Zanimivo je, da je začetnik teorije Velikega poka katoliški duhovnik Georges Lemaitre, ki je imel doktorat iz fizike.

Georges Lemaitre

V kozmologiji je Evklidski prostor edini pravi model univerzalnega prostora. Ne moremo uporabiti Riemannovega sferičnega prostora ali katerekoli druge

19

sferične geometrije, ker le-te nimajo bijektivne korespondence s fizičnim svetom. Evklidova geometrija je neodvisna od časa in tudi geometrija univerzalnega prostora je časovno neodvisna (invariantna). Ni možnosti, da bi se današnji univerzalni prostor pojavil z matematične točke, kot je predlagal Stephen Hawking.

Za dokazovanje napačnosti Velikega poka niso potrebni veliki intelektualni napori. Dobljene astronomske podatke o starosti vesolja in njegovem polmeru vstavite v računalnik za simulacijo sistemov. Računalnik vam bo dal sporočilo "NAPAKA". Ker po zakonih fizike, ki jih poznamo, s trikratno hitrostjo svetlobe se ne more gibati ali širiti noben fizikalni objekt. Model Velikega poka je mogoče bil smiseln pred 50 leti. Danes pa ni več. Umetno se ohranja pri življenju, kajti veliko intelektualnega napora in veliko denarja je bilo vloženo v razvoj te teorije, tako da nihče ni pripravljen videti, da je Veliki pok mrtev. Poslal sem izračune predstavljene v tem poglavju pomembnim slovenskim znanstvenim inštitucijam. Nihče ne odgovori. Poslal sem jih tudi v tujino. Brez odgovora. Celotna fizika »odkrita« v pospeševalnikih temelji na Velikem poku. Če pade Veliki pok je tudi fizika nastala v pospeševalnikih, postavljena pod vprašaj. Zaenkrat nihče nima toliko poguma, da bi ugriznil v »kislo jabolko« Velikega poka. Vsi se pretvarjajo, da je vse OK, da fizika briljantno napreduje, CERN bi rad gradil večji pospeševalnik. V bistvu gre le za denar. CERN porabi mislim da okoli 1700 milijonov Evrov na leto. Kdo bi odrekel toliko denarja?

Singularnost prostora in časa znotraj črne luknje ni bijektivna

Maxime Van de Moortel je leta 2019 objavil članek na arXivu, kjer je postavil hipotezo o singularnostih prostor-časa v črnih luknjah. V našem raziskovanju temeljev fizike smo odkrili, da je čas le numerično zaporedje dogodkov, kar pomeni čas ni četrta dimenzija prostora. Vesoljni prostor ima Evklidsko obliko, ki ne dopušča singularnosti. Potrebno je razumeti, da je vesoljni prostor oblika energije (danes jo imenujemo "super tekoči kvantni vakuum") in ima spremenljivo gostoto. Vsak fizični objekt zmanjšuje gostoto prostora točno za količino njegove mase in ustrezne energije, poglejte si formulo (1) na strani 6. V središču črne luknje gostota prostora ni neskončna, ima enako vrednost kot na površini.

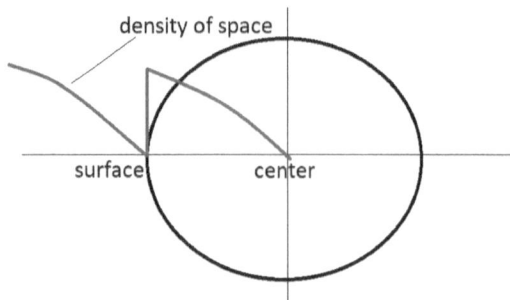

density of space

surface center

Gostota prostora ima isto vrednost na površini in v središču črne luknje. Članek z izračuni gostote sem objavil januarja 2020 v reviji »Journal of Advances in Physics«, naslov članka je »Black Holes are Rejuvenating Systems of the Universe«. Članek zlahka najdete na Google.

Na površini črne luknje in v njenem središču se stara snov spreminja v svežo energijo v obliki elementarnih delcev. Črne luknje pomlajujejo vesolje in ohranjajo entropijo vesolja stabilno. V črnih luknjah ni singularnosti. Na splošno lahko rečemo, da singularnosti obstajajo le v matematiki. V vesolju singularnosti ni. Fizika si je singularnost sposodila od matematike. Matematika je le orodje fizike, ne more biti njena hrbtenica. Bijektivna fizika, ki jo razvijam v zadnjih letih, temelji na opazovanju, bijektivnem modeliranju vesolja in eksperimentih, ki potrdijo ali ovržejo model. Danes fizika deluje drugače. Najprej se postavi abstraktna teorija, kot na primer obstoj Higgsovega polja, potem se razvije potrebni matematični model, potem se pa izpelje poskus, ki naj bi dokazoval obstoj Higgsovega polja. Ta moderna metodologija je zavajanje samega sebe in prepričevanje o tem, da napredujemo. V bistvu pa je vse le »luk i voda«.

3.   Teorija Velikega poka in Higgsov mehanizem sta nova religija fizike

Znanost temelji na racionalnosti in eksperimentu. Religija temelji na iracionalnosti in prepričanjih. V kozmologiji Velikega poka se je vesolje začelo iz neskončno majhne matematične točke. V matematiki vemo, da točka nima dimenzije. Preden je ta točka nastala v skladu z religijo velikega poka, ni bilo ničesar. Bil je samo Bog. Ni bilo nobene energije, ni bilo časa in ni bilo prostora. Popoln nič.

Zakaj se je Bog odločil za ustvarjanje vesolja, religija velikega poka ne razlaga. Vse se je začelo z neskončno majhno točko, ki je imela neskončno temperaturo in pritisk. Ta ideja je iracionalna in neznanstvena. Znanost pravi, da energije ni mogoče ustvariti in je ni mogoče uničiti, ampak jo lahko spremenimo le v drugo vrsto energije (prvi zakon termodinamike). Začetek vesolja je religiozno prepričanje, v katerega se veruje, to ni znanstvena hipoteza, ki zmeraj temelji na opazovanju.

Po religiji Velikega poka je pred eksplozijo obstajala le čista energija. Obstajala je super-simetrija (SUSY). Vsi delci so bili brez mase. To tudi ni znanstvena teorija, to je religiozno prepričanje. V znanosti vemo, da mora imeti določen delček, da obstaja, energijo, ki je v skladu z znamenito Einsteinovo formulo $E = mc^2$. V Einsteinovi viziji sta masa in energija ista "stvar". SUSY je iracionalna verska ideja ki botruje začetkom gradnje pospeševalnikov, ki naj bi ustvarili pogoje, kot so bili v prvih trenutkih Velikega poka še pred eksplozijo.

V Bijektivni fiziki vemo, da ima foton energijo, ki ustreza njegovi masi, nima pa inercialne mase. V Bijektivni fiziki je načelo enakovrednosti mase in energije razširjeno na foton. Foton ima energijo in tako ima maso, vendar nima inercialne mase. Lahko združimo dve znani formuli fizike, Einsteinovo formulo $E = mc^2$ in formulo za energijo fotona, kjer je h Planckova konstanta in v frekvenca fotona $E = h \cdot v$. Dobili bomo formulo za energijo fotona E, izraženo z maso m:

$$m \cdot c^2 = h \cdot v$$

$$m = \frac{h \cdot v}{c^2}$$

Foton ima energijo in tako maso, vendar nima inercialne mase. Zato smo ga v fiziki poimenovali "brez-masni foton". Med maso in inercialno maso obstaja velika razlika, ki jo podrobno opisujem v svojem članku objavljenem v »Scientific Repports«.

V skladu z religijo SUSY so torej v idealni juhi pred veliko eksplozijo bili vsi delci brez mase. Imeli so energijo, vendar niso imeli mase. Ta ideja je neracionalna in religiozna, saj v fiziki vemo, vsak fizikalni objekt ki ima energijo, ima tudi maso. Prepričanje SUSY tudi je, da so kvarki in leptoni imeli njihove nasprotne delce, tako imenovane »super-partnerje«, kot lahko vidite na spodnji sliki .

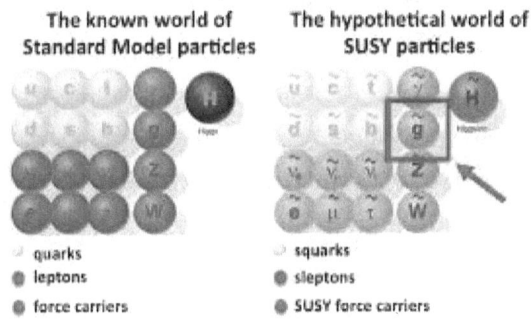

Hipotetični delci super-partnerji so čista znanstvena iluzija

Po čudežnem Velikem poku so super-partnerji čudežno izginili, nihče ne ve kam. V vsaki religiji je veliko čudežnih dogodkov, ki jih nihče ne razume; enako je pri super-simetriji in antimateriji v Standardnem modelu, ki danes velja za enega od temeljnih stebrov fizike.

Naslednji čudež je bil pojav Higgsovega polja. Nihče ne ve, od kod je prišel, vendar je prišel in dal maso nekaterim elementarnim delcem. Ne vsi, le nekateri delci so dobili maso. Zakaj naj bi bilo tako, nihče ne ve. Higgsov mehanizem ni preverljiv (falsifiabilen), ni bijektiven, je proti znanstveni logiki in proti znanstveni metodologiji, je najčistejša oblika verskega prepričanja. V svojem članku, objavljenem »Scientific Reports« sem razložil, kaj je mirovna masa, kaj je inercialna masa in kaj je relativistična masa brez Higgsovega mehanizma. Povezal sem inercijsko maso in gravitacijsko maso in opisal gravitacijo brez gravitona. In nekatere sive eminence fizike se pritožujejo nad mojim člankom, ker očitno ne razumejo Einsteinovega principa enakosti mase in energije.

Razen mene se nihče ne pritožuje zaradi zmotnosti Velikega poka in Higgsovega mehanizma. Nihče si ne upa motiti verskih občutkov, povezanih s kozmologijo Velikega poka in Standardnim modelom. Teh ikon se ni dovoljeno dotikati. Vsi, ki bodo poskušali pokazati njihovo zmoto, bodo zgoreli na ognju. Če bi živel v času Giordana Bruna, bi me zažgali na ognju.

Giordano Bruno

Ker dandanes sežiganje na ognju ni več regularni postopek proti nasprotnikom religije, poskušajo kompromitirati moj članek s pritiski na urednika. Ker nimajo argumentov proti, bi bili najbolj veseli, da bi bil članek umaknjen.

Kozmologija Velikega poka gradi svojo verodostojnost na napačnem interpretiranju astronomskih opazovanj. Ker je na teorijo Velikega poka vezana vsa fizika razvita v pospeševalnikih, je fizika v veliki zagati. Zna se zgoditi, da se bo razvoj fizike zgodil šele, ko bodo zagovorniki Velikega poka pomrli.

Max Planck

Kot pravi Max Planck: »Znanstvena resnica na zmaga tako, da prepriča svoje nasprotnike in jih naredi, da vidijo luč, temveč zato, ker njeni nasprotniki sčasoma umrejo in zraste nova generacija, ki resnico dojame«.

Ta knjiga je resnica za mlade prihajajoče generacije fizikov. Obstoječa akademska fizika je preveč samo-zagledana in ponosna, da bi lahko rekla: »Ja, veliki pok je bil napačen model. Popravimo to napako in gremo naprej«.

4. Zakaj je Higgsov mehanizem absolutna napaka?

Najprej morate razumeti, zakaj se je rodila ideja o Higgsovem mehanizmu. Foton nima inercialne mase, proton pa ima inercialno maso. Na podlagi dejstva, da imajo nekateri osnovni delci inercialno maso, so fiziki predpostavili, da bi lahko obstajalo neko polje, ki prežema celotno vesolje, ki reagira z nekaterimi delci (na primer protonom) in jih upočasnjuje in ne deluje z nekaterimi drugimi delci in jih tako ne upočasnjuje (kot na primer foton).

Higgsovo polje naj bi torej vplivalo na nekatere delce, jih upočasnilo in jim dalo inercialno maso. Peter Higgs in drugi soustvarjalci Higgsovega mehanizma ne razumejo razlike med inercialno maso in mirovno maso. Mirovna masa je količina energije, ki je vgrajena v dano fizikalno telo. Inercialna masa pa ima fizični izvor v pritisku prostora na površino telesa, kot lahko vidimo na sliki spodaj.

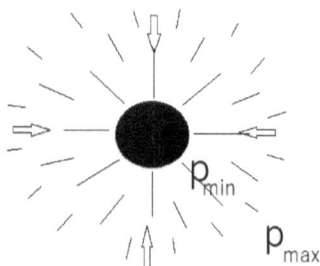

Poglejmo si primer na protonu na zgornji sliki. Zunanji pritisk prostora proti površini protona je izvor inercialne mase protona. Fiziki pa mislijo, da je mirovna masa protona njegova inercialna masa, ne vidijo razlike med mirovno maso in inercialno maso, kar je izrednega pomena za fiziko.

$$\frac{E}{c^2} = m = (p_{max} - p_{min}) \cdot V \quad - \text{ mirovna masa,}$$

$$(p_{max} - p_{min}) \cdot V \quad - \text{ inercialna masa}$$

Higgsov mehanizem napačno razlaga kaj je masa v fiziki. *Danes je splošno sprejeto, da Higgsovo polje daje maso nekaterim delcem v smislu mirovne mase, kar pomeni maso kot količino njihove energije.* Ta razlaga je v nasprotju z načelom enakovrednosti mase in energije. "Masa" in "energija" sta isti "stvari", povezana sta s formulo $E = mc^2$. *Masa je inherentna fizikalna lastnost določenega delca in nobeno polje ne more dati mase delcu, podobno kot mu ne more dati njegove energije.* Variabilna gostota prostora pa ustvarja fluktuacije prostora, ki so zmeraj v smeri proti njegovi površini, se pravi od večje gostote prostora proti manjši gostoti prostora na površini delca. Ideja o obstoju Higgsovega polja, ki nekaterim delcem daje maso, drugim pa ne, je absolutna zmota. Inercijska masa delcev, ki jih upočasnjuje, izvira iz zmanjšane gostote presežka kvantnega vakuuma.

Dani elementarni delec z maso **m** zmanjša gostoto prostora na njegovi površini natančno za količino njegove mase **m** .

$$\frac{E}{c^2} = m = (p_{max} - p_{min}) \cdot V$$

kjer je **Pmax** gostota prostora v medzvezdnem prostoru, je **Pmin** gostota prostora na površini protona (ali masivnega predmeta) in **V** volumen protona ali masivnega predmeta. Desna stran formule **(Pmax - Pmin)**

31

x V je manjkajoči del Einsteinove formule $E = mc^2$, ki predstavlja načelo enakovrednosti mase in energije. Razširil sem njegovo formulo na vesoljni prostor. Ta razširjena formula kaže izvor inercialne mase elementarnih delcev.

Inercialna masa je fizikalna lastnost mirovne mase danega fizičnega predmeta, ki je posledica zunanjega pritiska prostora. Ker pa soustvarjalci Higgsovega mehanizma menijo, da je inercijska masa isto kot mirovna masa, imamo sedaj v fiziki situacijo, da nihče ne razume več kaj je masa. Bijektivna fizika jasno definira: *mirovna masa izraža količino energije, vgrajene v dani fizični objekt v mirovanju. Zunanji pritisk prostora na mirovno maso je fizikalni izvor inercialne mase danega fizičnega predmeta.* Z Higgsovim mehanizmom je pojem *masa* postala v fiziki nekaj zelo abstraktnega in špekulativnega. Pojavljajo se celo ideje o obstoju *negativne mase*, kar je popoln nesmisel. S Higgsovim mehanizmom je fizika postala matematična filozofija, ki je izgubila stik z realnim svetom.

Albert Einstein in Max Planck se obračata v grobu. 70% člankov na področju teoretične fizike je matematična filozofija. Moj članek objavljen v Scientific Reports, ki temelji na bijektivni znanstveni metodologiji, pa je kamen spotike, kajti nekateri neznani "strokovnjaki", ki nimajo poguma, da bi javno povedali svoja imena, ne razumejo razlike med mirovno maso in inercialno maso.

Uvedba Higgsovega mehanizma v fiziki ni potrebna, fiziki ne dodaja ničesar, jo zaplete, da danes nihče ne ve, kaj je masa osnovnega delca. Celotna fizika pospeševalnikov je mrtva veja fizike. Vem, da je to boleče, toda če želimo fiziko razvijati, moramo priznati napake. Kozmologija Velikega poka, super-simetrija in model inflacije so mrtve veje fizike.

Albert Einstein je dokazal, da imata inercialna masa in gravitacijska masa danega fizičnega predmeta enako vrednost. V mojem članku objavljenem v Scientific Reports sem dokazal, da imata obe masi isti izvor, in sicer variabilni gostoti prostora, drugače povedano »etra«. Pojmi »elektromagnetni vakuum«, »eter« in »vesoljni prostor« označujejo isto fizikalno realnost. Eter v 19. stoletju je bil napačno razumljen kot substanca, ki napolnjuje vesoljni prostor. Eter sam je prostor. Elektromagnetni vakuum je prostor. Ker je bila etru storjena velika krivica, bil je vržen iz fizike, bom uporabljal tudi ta pojem.

5. Eter povezuje posebno relativnost in splošno relativnost

Posebna relativnost se je rodila leta 1905. Splošna relativnost se je rodila leta 1915. Einstein je 10 let preučeval, kako vključiti gravitacijo v posebni model relativnosti. Prišel je do genialne ideje: na Zemljini površini imamo gravitacijsko silo in gravitacijski pospešek $9,8ms^{-2}$. Če bi nekdo šel v vesolje daleč od nebesnih teles, kjer ni gravitacije, kaj bi se zgodilo? Gravitacijski pospešek na njegovi vesoljski ladji v mirovanju bi bil enak nič. Ko pa bi motor vključil in pospešil z $9,8ms^{-2}$, bi imel astronavt enako izkušnjo kot na zemeljski površini. Nanj bi delovala gravitacija z isto silo kot na površini Zemlje. Ta miselni eksperiment je eleganten, smiseln in znanstvena skupnost ga je pripoznala kot smiselnega.

Miselni eksperiment Alberta Einsteina ima velike posledice za fiziko, kajti kaže, da sta inercialna masa in gravitacijska masa enaki. Tako je bila posebna relativnost popolnoma vključena v splošno relativnost. Toda odprto vprašanje je še vedno bilo: *Kaj je izvor inercialne mase in gravitacijske mase?*

Glede na to, da je v fiziki univerzalni prostor razumljen kot "prazen", ni bilo mogoče ugotoviti, zakaj sta inercialna masa in gravitacijska masa enaki, prav tako ne, kakšen je njun izvor. Z vpeljavo variabilne gostote prostora (etra) je sedaj znan tudi izvor obeh mas: vsak fizični objekt zmanjšuje gostoto etra na njegovi površini točno za velikost njegove mase. Zaradi svoje spremenljive gostote eter pritiska na površino predmeta. Ker so fizični predmeti tri-dimenzionalni , eter pa štiri-dimenzionalen, je vsak fizikalni objekt potiskan z vseh smeri. To delovanje etra na objekt je izvor inercialne mase in tudi izvor gravitacijske mase.

Spremenljiva gostota etra je fizikalni izvor gravitacijskega potenciala. S preprostimi besedami: gravitacija je struktura prostora, se pravi, njegova variabilna gostota. Recimo deset metrov nad zemeljsko površino, v prostoru samem, obstaja gravitacija v obliki etrskih fluktuacij, ki so rezultat variabilne gostote prostora proti površini Zemlje. Če v prostoru ni nič, kvantne fluktuacije nimajo objekta delovanja. Ko pa je fizični objekt tam, ga kvantne fluktuacije potiskajo proti površini.

Ko se dani fizikalni objekt statistično giblje v etru, bo ta deloval z etrom in absorbiral nekaj njegove energije. Ta energija je objektna kinetična energija (glej prejšnje zgodbe o etru).

Če vnesemo eter nazaj v fiziko, ne potrebujemo Higgsovega mehanizma, vse deluje brezhibno. Zdi se, da celotna fizika pospeševalnikov nima prihodnosti. Z vračanjem etra v fiziko je mogoče opisati fizikalno realnost brez vpeljevanja eksotičnih delcev, ki imajo življenjsko dobo od 10^{-10} sekund do 10^{-25} sekund. Moje mnenje, ki ga bijektivna raziskovalna metoda potrjuje je, da so ti "delci" umetno ustvarjeni in ne obstajajo v fizičnem vesolju kot takšni.

Danes se akademska znanost pogosto izgublja v teoretičnih špekulacijah, ki nimajo stika s stvarnim svetom. To je šibka točka današnje znanosti. Vsako eksotično razmišljanje, ki ima podporo v matematiki, naj bi bilo znanost. Na ta način fizika postaja psevdo-znanost.

Albert Einstein nam je rekel: **»Ne verjamem v matematiko«.** Njegov citat bi morali jemati resno. Matematika je dobro orodje, vendar fizike ne more voditi. Fizika je kraljica, matematika je pa služabnik.

V vesolju je eter dopolnilni element materije. V današnji fiziki imenujemo eter z novim imenom **super-fluidni kvantni vakuum.** Eter, ki je fizični izvor vesoljnega prostora, nima entropije, samo materija ima entropijo. V vesolju je 95% energije , to je energija prostora-etra, 5% energije v obliki snovi pa je entropijska vrsta energije. V Sloveniji in v svetu nasploh je prvi besedo »sintropija« začel uporabljati slovenski fizik in inovator Andrej Detela.

6. LIGO napačno interpretira gravitacijske valove

Z odkrivanjem gravitacijskih valov imamo v fiziki napačno razumevanje, da ima gravitacija hitrost. Zakaj se je to zgodilo? Ker nekateri mislijo (tudi strokovnjaki), da gravitacijski valovi (GV) prenašajo gravitacijo. Na splošno je danes v fiziki sprejeto, da se GW premikajo s svetlobno hitrostjo. Toda GW ne nosijo gravitacije. GV so posledica pretvorbe snovi v črnih luknjah nazaj v elementarne delce. Pri tem nastanejo tudi GV, ki so valovanje prostora, katero se širi s svetlobno hitrostjo. GV imajo enako hitrost kot svetloba, tudi svetloba je valovanje prostora-etra.

V Splošni Relativnost (GR) je gravitacijska sila rezultat ukrivljenosti prostora. Pri Napredni Relativnosti (NR), ki sem jo razvijal zadnjih 20 let, pa je ukrivljenost prostora le matematični opis njegove variabilne gostote. Formula, ki povezuje ukrivljenost prostora v GR in spremenljivo gostoto prostora v NR, je naslednja :
 V GR je ukrivljenost prostora opisana z Einsteinovim tenzorjem:

$$G_{\mu\nu} = \kappa \cdot T_{\mu\nu}$$

$$\frac{1}{m^2} = \frac{m}{kg} \cdot \frac{kg}{m^3}$$
v enotah

tenzor ukrivljenosti $G_{\mu\nu}$ izraža ukrivljenost prostora, $T_{\mu\nu}$ je energijski tenzor in $\kappa = 1{,}866 \cdot 10^{-26} mkg^{-1}$ je Einsteinova konstanta.

Razvil sem hevristično formulo, kjer je energijski tenzor (stress-energy tensor) $T_{\mu\nu}$ izražen kot razlika gostote prostora na površini določenega fizikalnega telesa in daleč stran od telesa.

$$G_{\mu\nu} = \kappa \cdot (\rho_{max} - \rho_{min})$$

ρ_{min} je gostota prostora na površini telesa, ρ_{max} je gostota medzvezdnega prostora. Z zgornjo enačbo lahko izračunamo gostoto prostora na različnih nebesnih telesih. Manjša kot je gostota prostora, hitreje tečejo ure in spremembe nasploh. Izračune si lahko ogledate v članku objavljenem v Scientific Reports.

Gravitacijska sila je takojšnja, ne širi se v vesolju, kot je to slučaj z GV. To je treba dobro razumeti. Gravitacija ne deluje neposredno med dvema fizičnima objektoma, gravitacija je posledica zunanjega tlaka prostora proti notranjemu tlaku prostora na površini telesa. Na primer, luna in zemlja zmanjšujeta gostoto prostora in zunanji tlak prostora potiska proti prostoru z nižjo gostoto.

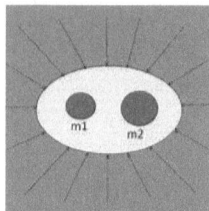

Gravitacija med Zemljo in Luno je rezultat večjega zunanjega pritiska prostora proti notranjemu manjšemu pritisku. Vesoljni prostor je štiri-dimenzionalen, planeti so tri-dimenzionalni. Nekako so "ujeti" v prostor. Gravitacijska sila Fg med Zemljo in Luno je enaka centripetalni sili Fc Lune. Sili delujeta v nasprotni smeri.

$$F_g + (-F_c) = 0$$

Prostor nima trenja in planeti krožijo brez izgube energije.

Gravitacijski valovi, ki nastajajo v črnih luknjah in nevtronskih zvezdah spreminjajo gostoto prostora. Spremembe gostote prostora spreminjajo električno permitivnost prostora-etra ε_0 in magnetno permeabilnost prostora-etra μ_0. To povzroči, da svetloba minimalno spreminja svojo hitrost

$$c = \frac{1}{\sqrt{\mu_0 \nu_0}}$$

Svetlobna hitrost se minimalno spreminja z minimalnim spreminjanjem permitivnosti in permeabilnosti prostora.

Gravitacijski val (GV) je 4D in potuje skozi prostor s svetlobno hitrostjo. Ko se zgodi, da GV vstopi v interferometer (bilo bi bolje reči, da je interferometer »potopljen« v GV), se spremeni gostota prostora, in s tem njegova permeabilnost in permitivnost, kar spremeni hitrost žarka, ki potuje po krakih interferometra. Einsteinova zamisel, da bi GV lahko skrčila ali raztegnila prostor, je napačna. GV ne podaljša ali krči krakov interferometra. GV minimalno spremeni gostoto prostora in tako hitrost svetlobe. Uradna razlaga, da GV spreminja dolžino krakov interferometra, je napačna. Nihče ne more razložiti, kako lahko GV, ki so izjemno subtilni pojavi, spremenijo dolžino železno-betonske osnove krakov interferometra.

7. Cernovo raziskovanje antimaterije je znanstvena iluzija

Leta 1928 je britanski fizik Paul Dirac napisal enačbo, ki je združila kvantno teorijo in posebno relativnost, da bi opisala obnašanje elektrona, ki se giblje z relativistično hitrostjo. Dirac je za svojo enačbo leta 1933 prejel Nobelovo nagrado. Tako kot ima lahko enačba $x^2 = 4$ dve možni rešitvi (x = 2 ali x = −2), tako da bi lahko imela Diracova enačba dve rešitvi, eno za elektron s pozitivno energijo in eno za elektron z negativno energijo.

Paul Dirac

Klasična fizika (in zdrav razum) v Diracovem času je narekovala, da mora biti energija delca vedno pozitivno število. Dirac je enačbo razlagal tako, da za vsak delec obstaja ustrezen antidelec, ki se natančno ujema z delcem, vendar ima nasprotni naboj. Na primer, za elektron bi moral obstajati „antielektron" ali „pozitron", ki je enak elektronu, vendar ima pozitiven električni naboj. Njegovo razmišljanje je spodbudilo špekulacije o obstoju galaksij, ki so iz antimaterije.

Fiziki so prišli na idejo, da je bila pred veliko eksplozijo enaka količina materije in antimaterije. Po eksploziji pa je antimaterija čudežno izginila. Kot smo videli v tej knjigi, je Veliki pok zgodovina fizike. Celotno razmišljanje o obstoju antimaterije je čista špekulacija, ki je fiziko zapeljala v slepo ulico.

Začnimo s pozitronom, ki je antidelec elektrona. Odkrit je bil v kozmičnih žarkih, toda, ko pride v stik z navadno materijo, je nestabilen. Življenjska doba pozitrona je približno 10^{-10} sekunde. Ali pozitron zasluži da ga imenujemo "delček" v smislu, da bi lahko bil sestavni element iluzorne antimaterije? Po mojem mnenju pozitroni niso več kot trenutni pretoki energije, ki se sprošča v kozmičnih žarkih. Takoj izginejo nazaj v energijo prostora. To potrjujejo vsi poskusi, ki so jih izvajali v

44

zadnjih 80 letih. **Pozitron je le trenutni pretok energije.** Ideja, da bi bil pozitron lahko delec, ki sestavlja neko eksotično antimaterijo, je za sedaj le nedokazana špekulacija.

Richard Feynman je leta 1940 predlagal, da so elektroni pozitroni, ki potujejo nazaj v času. Takrat je bila ideja časa kot četrte dimenzije prostora sprejeta kot dejstvo, zato je fizika bizarno idejo Feynmana vzela resno. Danes vemo, da je čas le zaporedje sprememb in se nič ne more gibati nazaj v času.

Med Feynmanovim predlogom, kaj bi lahko bil pozitron, in opazovanjem pozitrona v kozmičnih žarkih, obstaja veliko neskladje. To bi pomenilo, da se kozmični žarki premikajo nazaj v čas. To je zelo dober primer, kako lahko imajo znani fiziki zelo nesmiselne ideje.

Tudi antiprotone najdemo v kozmičnih žarkih. Poskusi potrjujejo, da ima antiproton življenjsko dobo približno 32 ur. Pozitron nima stabilne življenjske dobe, antiproton nima stabilne življenjske dobe. Kako sta lahko sestavna elementa nečesa, čemur pravimo **antimaterija?** Navadna snov je sestavljena iz protonov in elektronov, ki imajo neomejen življenjski čas. Zato je materija stabilna. Samo stabilni elementi lahko ustvarijo stabilno strukturo. Tega dejstva v CERN-u še ne razumejo. Iskanje anti-vodika (antihitrogen), ki naj bi bil sestavljen iz pozitrona in antiprotona, je čista iluzija, veliko zapravljanje denarja za stvari, ki ne obstajajo v naravi, so umetno ustvarjene in nimajo za razvoj fizike nobenega pomena.

Ja, morda bodo celo ustvarili anti-vodik. Imelo bo življenjsko dobo podobno kot kvarki, ki znaša med 10^{-23} in 10^{-25} sekund. In spet bo podeljena Nobelova nagrada za nekaj, kar ne obstaja. Da, celotna fizika pospeševalnikov je velika zmota. Kako dolgo bo fizika še verjela, da to iluzorno raziskovanje antimaterije ima smisel, je odvisno od prodora bijektivne raziskovalne metodologije v fiziko, ki se je fiziki zaenkrat otepajo. Ne želijo, da bi jim bila odvzeta možnost spekulativne »matematizacije« fizike, ki je danes je danes v fiziki prevladujoča. Bijektivna metodologija bo ločila semena od plevela, ko ga je danes v fiziki veliko.

V vesolju obstaja primarna simetrija (super-simetrija) med materijo in prostorom-etrom. V skladu s to simetrijo vsak fizikalni objekt z maso m zmanjšuje gostoto prostora vakuuma glede na njegovo maso m. V vesolju imamo dva temeljna elementa: energijo v obliki materije in elektromagnetne energije in energijo v obliki prostora. V skladu z metodologijo bijektivnega raziskovanja si lahko predstavljamo, da je vesolje množica **V** z dvema elementoma: energija je element 1 in prostor je element 0.

V: {0, 1}

v teoriji množic je nič prazna množica: 0 = { }. Število 1 je prazna množica z elementom nič: 1 = {0}.

Iz tega sledi: V: {{}, {0}}.

Vesolje je množica, ki ima dve podmnožici: prazno množico in prazno množico z elementom nič.

Element materija/energija je predstavljen kot število 1. Je manifestacija elementa 0, ki je ne-manifestirana energija prostora.

Vesolje je sistem, ki deluje na podlagi teorije množic. Zato je bil možen razvoj računalnikov, ki delujejo na 0 in 1. Računalniška tehnologija je izraz inherentne lastnosti vesolja, ki ima dva komplementarna primarna elementa: 0 in 1.

Elektromagnetizem je vzbujanje energije prostora, ki je bilo pred letom 1905 imenovano **eter.** Rezultat raziskave medsebojne povezanosti materije in elektromagnetizma je radio, televizija, kalkulatorji in računalniki. Naslednji korak raziskav bi moral iti v smer iskanja odnosa med materijo in spremenljivo gostoto prostora. Rezultat bo anti-gravitacija. Če nam uspe polarizirati prostor, bomo dobili prosto energijo. Mislim, da je Tesla razvil to tehnologijo, a imeti energijo brezplačno za Morgana ni v redu. Zato je bil Teslov stolp uničen.

Teslov stolp je proizvajal brezplačno energijo iz prostora. Prostor v vrhu stolpa je bil nasprotno polariziran kot prostor v globini Zemlje pod stolpom. Tesla je te dve nasprotno polarizirani območji prostora povezal in ustvaril električno indukcijo.

Raziskave o antimateriji ne bodo nikoli imele tehnoloških izvedb, ker so iluzija. Antimaterija ne obstaja v fizičnem vesolju. Raziskovanje eksotičnih delcev na ciklotronih nikoli ne bo imelo tehnoloških aplikacij. Je največji proračun v zgodovini človeštva, porabljen za raziskave, v katerih so teoretične napovedi lažne, iskanje teh pa je izguba časa in denarja.

8. Poenotenje štirih osnovnih sil

V Bijektivni fiziki je lahko nek element sestavni del nekega bolj kompleksnega fizikalnega telesa le, če je stabilen, kar pomeni, da ima stabilno življenjsko dobo. V fizikalnem vesolju imamo 2 stabilna delca: **proton in elektron**. Vprašati bi se morali: Zakaj sta proton in elektron stabilna? Odgovor je: oba sta vrtinca (vorteks) **etra.** Da je proton in elektron mogoče videti kot vrtinca etra, ima znanstvena podlago v člankih ruskega fizika Valery Sbitneva, ki jih lahko preberete na arXivu.

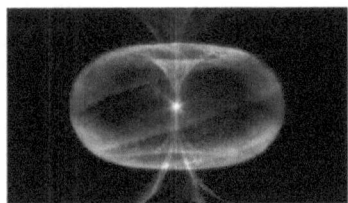

Proton in elektron kot vrtinca etra

Eter je ne-ustvarjena sintropična primordialna oblika energije, je fizikalni temelj vesoljnega prostora. Ker je eter sintropični tip energije, imata proton in elektron praktično neskončno življenjsko dobo.

Nevtron ni "delec", nevtron ni stabilen. Ko ga izoliramo, v približno 15 minutah razpade na proton in elektron. V atomskem jedru imamo samo protone in elektrone.

	orbit	nucleous
H	1 electron	1 proton
He	2 electrons	4 protons + 2 electrons
Li	3 electrons	6 protons + 3 electrons
Be	4 electrons	8 protons + 4 electrons
B	5 electrons	10 protons + 5 electrons
	$N_{electrons}$	$2N_{protons}$ + $N_{electrons}$

Elektroni in protoni v atomu

Elementi z velikim številom protonov v jedru (atomska števila nad 90) postanejo nestabilni, kot na primer uran. Ta nestabilnost elementov z velikim številom protonov je posledica kompleksnosti. V Bijektivni fiziki imenujemo ta pojav **kompleksna nestabilnost**. To je naravni zakon, da je neka struktura stabilna le do določene kompleksnosti. Ko nekaj postane preveč kompleksno, bo postalo nestabilno in se razpadlo v manj kompleksen sistem.

Standardni model pravi, da W bozon in Z bozon nosita šibko jedrsko silo. To ni res. Šibka jedrska sila sploh ne obstaja. Nestabilnost atomov z velikimi atomskimi številkami je posledica kompleksne nestabilnosti atomov.

Znotraj jedra atoma so protoni in nevtroni (kot sestavljeni delci). Le-ti se privlačijo, ker zmanjšujejo gostoto etra, kar ustvarja gravitacijsko silo. **Močna jedrska sila je gravitacijska sila znotraj jedra.** V članku objavljenem v Scientific Reports so izračuni, da je gostota prostora-etra na površini protona manjša kot na površini Zemlje. Zato ima močna jedrska sila takšno moč v primerjavi z gravitacijsko silo.

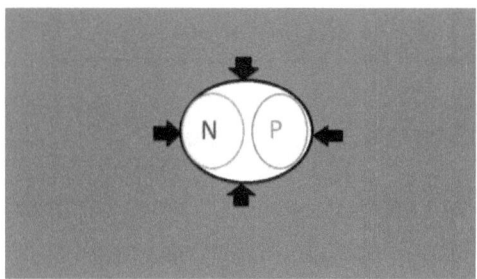

Na sliki zgoraj je prikazana gravitacija znotraj atomskega jedra.

Gravitacija in močna jedrska sila delujeta po istem principu. Dva fizikalna predmeta zmanjšujeta gostoto etra. Zunanji višji tlak etra ju potiska skupaj. To velja od mikro nivoja do makro nivoja, od protona do zvezd.

Obstoj kvarkov znotraj protona je čista fantazija. Vsi delci, "odkriti" v ciklotronih, so samo trenutni tokovi energije, ki jih sprostijo pri trkih protonov. Takoj se porazgubijo nazaj v eter.

Top quark	171,2 GeV/c2	10E-23 s	1995
Higgs boson	125 GeV/c2	1,56 x 10E-22 s	2013
Z boson	91 GeV/c2	3 x 10E-25 s	1983
W boson	80 GeV/c2	3 x 10E-25 s	1983
Bottom quark	4,2 GeV/c2	10E-23 s	1977
Charm quark	1,27 GeV/c2	10E-23 s	1974
proton	938 MeV/c2	stable lifetime	1886
strange quark	104 MeV/c2	10E-23 s	1968
Down quark	4,8 MeV/c2	10E-23s	1968
Up quark	2,4 MeV/c2	10E-23 s	1868

Zgornja tabela prikazuje delce odkrite v pospeševalnikih. Ti delci nimajo obstoja v fizikalnem vesolju. Vsi ti delci imajo življenjsko dobo med 10^{-23} sekunde in 10^{-25} sekunde. Kako bi lahko ti „delci" bili elementi nekega stabilnega sistema (na primer protona), če so sami nestabilni? Standardni model nima odgovora na to vprašanje. To je za fiziko globok šok. Prepričan sem, da bodo fiziki imeli velik odpor do tega mojega videnja, toda dejstva so dejstva. Vsa odkritja v pospeševalnikih so nična. Nikoli ne bodo imela tehnološke aplikacije. Vsi ti delci so umetno ustvarjeni in ne obstajajo v fizikalnem vesolju.

Top kvark, Bottom kvark in Charm kvark, imajo vsi večjo maso od protona, Top kvark ima 183 krat večjo maso od protona. V Standardnem modelu so kvarki razumljeni kot sestavni elementarni delci protona. Kako bi lahko Top kvark bil v protonu nihče na zna razložiti. Pisal sem v CERN, pa v FERMILAB in nihče mi ni dal odgovora. Ker kje bi lahko Top kvark bil, nihče ne ve. Kakšen smisel je odkriti nekaj, za kar ne veš kje je, fizikov danes ne zanima. Oni so Top kvark odkrili, to je najvažneje. Imam prijatelja fizika iz Amerike, vprašal sem ga, če mi pošlje povezave do literature, kje se nahaja Top kvark. Pa mi je odgovoril, da literature o tem ni. Edina »literatura« je en link na Googlu, kjer nekdo modruje, da bi Top kvark lahko bil del protona v posebnih pogojih v nekih eksotičnih zvezdah. To ni več fizika, to je prazno nakladanje.

Super-simetrija pred eksplozijo in nastajanje osnovnih sil v vesolju ni znanstvena teorija, to je fantazijska zgodba.

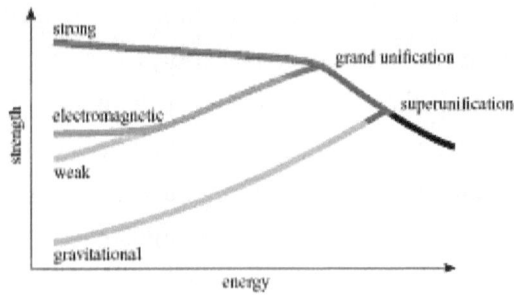

Najprej naj bila samo ena sila (Bog). Potem se ta sila razdeli na gravitacijo in močno jedrsko silo in potem se iz močne jedrske sile oblikujeta še elektromagnetna sila in šibka jedrska sila. Nič od tega se nikoli ni zgodilo. Vesolje je ne-ustvarjen sitem, ki ima le dve osnovni sili: gravitacijo in elektromagnetizem.

Resnična narava Higgsovega bozona

V pospeševalnikih so protoni pospešeni skoraj do svetlobne hitrosti. Ko se proton giblje skozi prostor-eter z veliko hitrostjo reagira z energijo prostora in jo absorbira vase. Kinetična, se pravi »relativistična« energija protona je energija prostora, ki je zgoščena v hitro se gibajočem protonu. Formulo za relativistično energijo protona izpeljemo iz znane formule spodaj:

$$\frac{E}{c^2} = m = (p_{max} - p_{min}) \cdot V$$

Formulo pomnožimo s c^2 in dobimo:

$$E = mc^2 = (p_{Emax} - p_{Emin}) \cdot V,$$

p_{Emax} je energijska gostota prostora daleč stran od protona, p_{Emin} je energijska gostota prostora na površini protona. Formulo pomnožimo z Lorentzovim faktorjem ɣ in dobimo:

$$E_R = ɣ \cdot mc^2 = (p_{Emax} - P_{EminR}) \cdot V,$$

kjer je E_R relativistična energija protona, p_{EminR} je pa dodatno zmanjšana energijska gostota prostora na površini protona. Energija relativističnega protona E_R je vsota energije protona v mirovanju E_M in njegove kinetične energije E_K:

$$E_R = E_M + E_K$$

V pospeševalniku se trkne na milijone protonov vsako sekundo. Zelo poredko se ob teh trkih sprosti trenutni fluks energije, ki ima vrednost 125 GeV. Poimenovali so ga Higgsov bozon, imenovan tudi »Božji delec«. Higgsov bozon ima življenjsko dobo okrog 10^{-22} sekunde. Takoj se absorbira nazaj v prostor-eter. Je umetno ustvarjen in nima lastnega obstoja v vesolju. Pomen odkritja Higgsovega bozona za napredek fizike je ničen. Nič ni bilo »odkrito«, kajti Higgsov bozon je umetno ustvarjen. Trditev, da Higgsov bozon dokazuje obstoj Higgsovega polja, je popolna iluzija. Med Higgsovim poljem in Higgsovim bozonom je velik epistemološki prepad, ki ga fizika danes noče videti. Naziv »Božji delec« je reklamnega pomena, da bi javnost dobila občutek, da gre za nekaj izredno pomembnega, da fizika odriva bistvo vesolja. Edina resnica je, da je Higgsov bozon iluzija, velika prevara javnosti. Lobi, ki vodi pospeševalnike je zelo močan, pretok denarja je ogromen, in seveda se trudijo, da bi javnost prepričali o grandioznosti njihovega raziskovanja in pomembnosti rezultatov. Vse skupaj je popolnoma brez zveze. Če danes ustavijo vse pospeševalnike po svetu, bo prihranjenega veliko denarja in fizika se bo začela razvijati v bolj realistični smeri. Fizika pospeševalnikov je mrtva veja fizike. Gradnji pospeševalnikov botruje model Velikega poka, kajti fiziki poskušajo ustvariti pogoje pred pokom. V resnici, nikoli ni bilo začetka vesolja, ni bilo super-simetrije, ni bilo inflacije vesolja, ni bilo širjenja vesolja in ni Higgsovega polja. Prej ko to priznavamo, bolje za napredek fizike. Narediti napake je neizogiben del človeškega življenja. To velja tudi v znanosti. To je normalno. Kar ni v redu, je držati se starih idej kljub jasnim dokazom, da so napačne. To je šibka točka današnje fizike. Upam, da bodo stvari napredovale. **Čas je, da preidemo na novo paradigmo.** V vesolju delujeta le dve osnovni sili, gravitacija in elektromagnetizem. Gravitacijo nosi variabilna gostota prostora, elektromagnetizem je pa valovanje prostora-etra.

Sistemska teorija in stabilnost protona

V teoriji sistemov velja, da je nek sistem stabilen le, če so stabilni njegovi elementi. To dejstvo lahko opazimo povsod. Življenje je najboljši dokaz tega, kaj je resnično in kaj je iluzija. Če je pokvarjena ena guma vašega avtomobila, ne morete voziti. Avto gledan kot sistem, ima štiri elemente (pnevmatike) in kadar ena ni stabilna, postane celoten sistem nestabilen. Vzemimo drugi primer: delate v skupini, kjer je ena oseba psihično nestabilna, stalni povzročitelj težav. Celotna ekipa bo postala nestabilna in ne bo delovala dobro. Zgradite hišo in imate štiri osnovne vogalne stebre. Če en steber ni dobro narejen, bo celoten sistem (hiša) postal nestabilen in se bo porušil. Stabilnost sončnega sistema temelji na stabilnosti vseh planetov. Predstavljajte si, da bi en planet eksplodiral. Celoten osončje bi postalo nestabilno. Dani sistem S je stabilen, ko so vsi elementi E v sistemu stabilni. Življenje nas uči: **Dani sistem S ima potencial za stabilnost le, če so vsi njegovi elementi E (E1, E2,… .En), ki gradijo sistem, stabilni.**

$$S = \sum_{i=1}^{N} S_{Ei}$$

Nevtron je zgrajen iz protona in elektrona, ki sta stabilna in nevtron sam po sebi ni stabilen. Kar pomeni, da ne velja zmeraj, da je nek sistem stabilen, če je sestavljen iz stabilnih elementov. V Standardnem modelu imamo čudno idejo, da lahko nestabilni elementi kot so na primer kvarki in gluoni sestavljajo proton, ki je stabilen sistem. Nihče nima razlage, kako je to mogoče in zdi se, da to nikogar ne skrbi. Lobi za jedrsko fiziko je tako močan, da mu ni treba skrbeti za to, da bi Standardni model bil logično konsistenten. Živijo v svojem namišljenem svetu »fizike visokih energij« in načrtujejo večje pospeševalnike, da bi odkrili ne le "Božji delček", ampak tudi "Angelski delček", "delček Svet duh" in vse druge eksotične delce. In Nobelove nagrade bodo podeljene in sledila bo velika slava in uspeh. Vse to je slepa zaverovanost današnje jedrske fizike. Za zdaj tega nihče ni pripravljen videti, jaz sem zgodnja ptica, ki poje pesem resnice.

Se spomnite otroka, ki je v zgodbi *Hansa Christiana Andersena* rekel: **Kralj je gol!**

Tukaj smo danes v fiziki. Veliki pok je gol, super-simetrija je gola, božji delci so goli, fizika pospeševalnikov je gola! Fiziki pa jih vidijo oblečene v prekrasne obleke matematične filozofije, ki je izgubila stik z realnim svetom. Fizika je začela izgubljati stik z materialnim svetom , ko je Einstein objavil Specialno teorijo relativnosti, kjer je čas četrta dimenzija: X4 = ict. Ker je Einstein vedel, da je linearni čas le predstava uma in ne obstaja v fizikalni realnosti, je v formulo dodal imaginarno število i.

$$i^2 = -1 \ \rightarrow ict \ je \ imaginarna \ koordinata$$

Fiziki pomena X4 = ict niso razumeli. Začeli so verjeti, da je čas četrta dimenzija prostora. In uporabili so matematično filozofijo, da bi njihova zmota dobila tudi matematični opis. Najprej so vzeli iz enačbe imaginarno število i in dobili so

$$X4 = ct.$$

Da bi lahko bili čisto zadovoljni, so svetlobno hitrost c ki je konstanta označili z 1. In dobili so

$$X4 = t.$$

Tako je bila zmaga matematične filozofije nad fiziko dobljena. Čas je v fiziki postal četrta dimenzija prostora in v to danes nihče ne dvomi. Fizika je postala religija.

Einstein je naredil veliko velikih stvari za fiziko, naredil pa je tudi nekaj velikih napak. Prva je, da je trdil, da lahko foton potuje skozi »prazen prostor«. To se je zgodilo na začetku dvajsetega stoletja, med 1900 in 1905. Par let pred tem sta ameriška fizika Michelson in Morley izpeljala poskus, ki naj bi potrdil teorijo svetlobnega etra. Poskus je bil zasnovan na predpostavki, da se planet Zemlja giblje skozi mirujoči eter. Ta predpostavka je napačna, kajti eter okoli Zemlje v pasu okoli 20000 km se giblje z Zemljo in se tudi vrti z Zemljo. Zato sta Michelson in Morley dobila negativni rezultat, ki je bil za takratno fiziko veliko razočaranje.

Fizik Hendrik Lorentz, ki je bil oče teorije etra, je zadevo poskušal rešiti tako, da je vpeljal matematiko, ki predvideva, da se vsak predmet minimalno skrči v smeri njegovega gibanja. Temu danes pravimo v fiziki »skrček po dolžini«. Lorentz je trdil, da se krak interferometra, ki je postavljen v smeri gibanja Zemlje, zaradi gibanja minimalno skrči in tako sta Michelson in Morley dobila negativni rezultat.

$$l = l_0 \cdot \frac{1}{\sqrt{1 - \dfrac{v^2}{c^2}}}$$

kjer je l_0 dolžina fizikalnega telesa v mirovanju in l je dolžina telesa v gibanju. Kljub temu se eter ni obdržal, Einstein je leta 1905 objavil Specialno Teorijo Relativnosti, kjer foton potuje skozi prazen prostor. To je bila največja Einsteinova napaka, ki je pripeljala fiziko v krizo, v kateri je danes. Skrček po dolžini pa se je obdržal,

Einstein ga je razvil in uporabil tudi v Splošni Relativnostni teoriji. Gravitacijski valovi naj bi imeli moč krčenja in raztegovanja prostora, kar pa ne drži. Gravitacijski valovi le minimalno spremenijo gostoto prostora, o tem smo brali v poglavju 6.

S kolegom Davidom Fiscaletijem sva razvila model Specialne Relativnostne Teorije, ki deluje brez skrčka po dolžini. Objavila sva vrsto člankov na temo razvoja Specialne Teorije v reviji »Physics Essays«.

Skrček po dolžini prinaša protislovje. Vzemimo dve fotonski uri v vesoljsko ladjo. Eno postavimo vertikalno, drugo pa horizontalno v smeri gibanja. Ko se začnemo gibati z veliko hitrostjo, naj bi se zaradi skrčka horizontalna ura skrčila in začela »tik-takati« hitreje. Specialna Teorija Relativnosti ne predvideva, da bi lahko v določenem inercialnem sistemu dve uri tekli z različno hitrostjo. Fiziki so to rešili z idejo, da opazovalec, ki miruje, vidi gibanje žarka v vertikalni uri »cik-cak« in da zato ta ura zanj teče počasneje od horizontalno postavljene ure. V vseh knjigah fizike lahko najdete sliko spodaj.

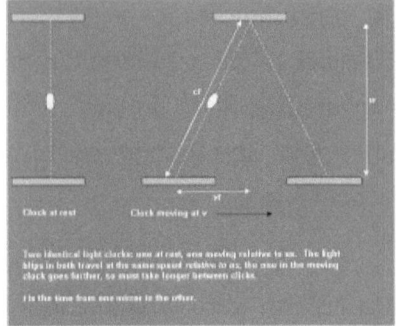

Two identical light clocks: one at rest, one moving relative to us. The light
blips in both travel at the same speed relative to us; the one in the moving
clock goes farther, so must take longer between clicks.

t is the time from one minor to the other.

Zaradi gibanja vertikalne ure prihaja za zunanjega opazovalca do optične prevare, ki pa ne more spremeniti hitrost ure. To je jasno vsakemu razmišljajočemu človeku, ampak v fiziki že 100 let velja nepisano pravilo: »Če kaj ne znamo razložiti, si pa izmislimo domišljijsko zgodbo«, ki jo bomo potrdili z matematiko. Očitno fiziki to delajo nezavedno.

Z Relativnostno Teorijo sem se ukvarjal 30 let. Ker se eter vrti s Soncem, prihaja do precesije planetov, ki je največja pri Merkurju.

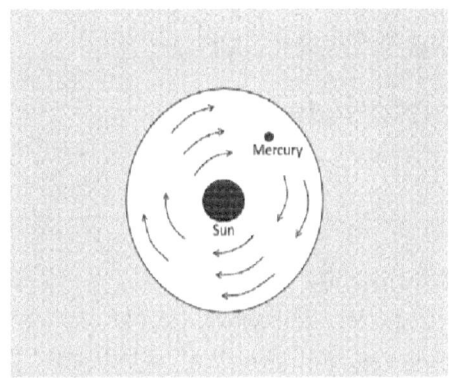

Vrteči se eter tudi razloži zakaj svetloba od točke A do točke B potuje manj časa kot od točke B do točke A. Temu pojavu pravimo Sagnac efekt.

Gre za to, da ko se svetloba giblje od B proti A, se giblje v nasprotni smeri gibanja etra in tako rabi več časa. Napisal sem knjigo o razvoju Einsteinove Relativnosti, ki pa je ostala neopažena. Naslov knjige je »Relativity Reborn – Bijective Physics«. Potem sem se odločil, da bom sesul Teorijo velikega poka. Tako mogoče moje delo na razvoju Relativnostne teorije postane bolj vidno. Že kot otroku mi je bilo jasno, da je teorija Velikega poka neumnost. Nisem si vzel časa, da bi se z njo sploh ukvarjal. No, življenje me je navedlo, da sem se začel. Čas je, da pošljemo Veliki pok v pokoj. Nedopustno je, da študentom, se pravi novim generacijam fizikov, razlagamo to pravljico.

9. Renesansa fizike z bijektivno raziskovalno metodologijo

Fizika je moj vsakodnevni poklic zadnjih 35 let. Imamo internet in prebral sem na stotine člankov na arXivu, ki so bili objavljeni v pomembnih fizikalnih revijah. Moje splošno opažanje je bilo, da se kompleksnost fizike s časom povečuje. Vsako leto berem članke, ki so vse bolj zapleteni in težje razumljivi. **Kljub povečanju mojega znanja fizike, razumem zmeraj manj.** Očitno se danes v fiziki dogaja, da je postala preveč kompleksna in tako nestabilna. Da bi naredil ta naravni proces bolj učinkovit, sem se odločil, da bom razvil metodologijo, ki bo v fiziki odpravila vse, kar bi lahko bilo napačno. Na ta način bo fizika zmanjšala kompleksnost in povečala jasnost, postala bo *ustreznejši model* (ali lahko rečemo *slika)* fizikalne realnosti.

V tem mojem prizadevanju je teorija množic najboljša pomoč: vesolje sem definiral kot množico **X** in model vesolja sem definiral kot množico **Y**. Množica **X** in množica **Y** sta povezani z bijektivno funkcijo, kar pomeni, da ima vsak element v množici X točno en element v množici Y.

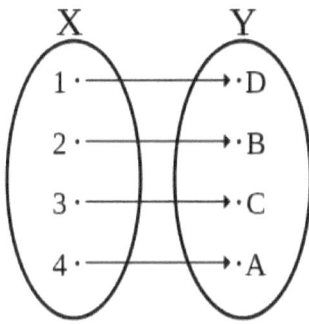

Bijektivna funkcija *f: X → Y* , kjer je množica *X {1, 2, 3, 4}* in je množica *Y {A, B, C, D}* . Na primer, *f* (1) = D.

Z uporabo bijektivne metodologije raziskovanja se bo zmanjšala kompleksnost fizike in povečala se bo njena jasnost. To so bile moje sanje že od malih nog, ko sem prebral knjigo Stephena Hawkinga "Kratka zgodovina časa", kjer je z matematičnim trikom razlagal pojav energije v vesolju, rekoč, da je energija snovi pozitivna, energija gravitacije pa negativna in da se obe energiji pomnožita v prvih trenutkih velikega poka. Takrat sem obiskoval osmi razred osnovne šole in odločil sem se, ko bom odrasel, bom popravil takšne napake. Ne morete razložiti nastanka energije na tako poceni način.

Bijektivna metodologija izključuje obstoj negativne gravitacije. Hawkingovo idejo je prevzel tudi Alan Guth, oče inflacije. Lahko jo matematično zapišemo kot:

$$nEm + (-nEg) = 0$$

Na samem začetku je nič nič in narašča v inflaciji. Obe energiji naraščata, njun izvor pa še vedno ni pojasnjen. Reči, da obe energij naraščata in da je njihova vsota zmeraj enaka nič, ne reši ničesar. Gravitacijska energija z negativnim matematičnim predznakom ne opravi preizkusa bijektivne raziskovalne metodologije.

Kako začeti z renesanso fizike? Odločil sem se, da bom v modelu uporabil le elemente, ki jih lahko neposredno opazujem z očmi ali pa lahko neposredno opazujem njihove manifestacije.

Prvi element je materija, vsi opazujemo materijo, drugi je energija (elektromagnetna energija), ki jo tudi vsi opazujemo, tretji je sprememba in četrti je prostor, v katerem spremembe obstajajo, peti sem jaz kot opazovalec. Časa nisem vzel kot element, ker časa ne moremo opazovati s čutili. Spremembe lahko opazujemo le v prostoru. V tej perspektivi je čas le numerični vrstni red dogodkov, ki potekajo v vesolju. To je bila že Einsteinova vizija.

V vesolju imamo štiri temeljne elemente, ki jih lahko opazujemo s čutili (vidom):

1. materija (M)

2. energija (elektromagnetna) (E)

3. sprememba (C)

4. prostor (S)

Peti element je opazovalec.

5. opazovalec (O)

Materija, energija in spremembe obstajajo v vesolju. V tej perspektivi lahko prostor opredelimo kot medij, v katerem se dogajajo spremembe materije in energije. Ta medij v fiziki smo poimenovali ETHER, ki je bil ukinjen leta 1905. Ker prostor vsebuje energijo in snov, je jasno, da mora biti tudi prostor nekakšna oblika energije. Sedaj imamo v množici vesolje X pet elementov in imamo pet elementov v modelu vesolja, ki jo predstavlja množica Y:

X: {Sx, Ex, Mx, Cx, Ox}

Y: {Sy, Ey, My, Cy, Oy}

S temi 5 elementi lahko opišemo celotno vesolje. Energija prostora-etra je energija temne snovi in temne energije. Če etra ne bi vrgli iz fizike, ne bi bilo treba vnašati temne energije in temne materije v fiziko.

Nerazumevanje objektivnosti fizike

Pogled fizike na resničnost ni objektiven, je le racionalen. Skupno stališče o znanosti je, da je to, kar je "znanstveno" resnično, objektivno. To je velik nesporazum. V fiziki gradimo modele resničnosti, ki so slike sveta. Slika nikoli ni svet sam. Slike, ki jih naredimo v fiziki, so racionalne slike, ki jih je zasnoval razumski znanstveni um.

Splošno prepričanje je, da nam fizika prikazuje resničnost. To je čista iluzija. Resničnost je tisto, kar je Immanuel Kant poimenoval "Ding an Sich", kar pomeni, da je neka stvar takšna, kot je, ne da bi si jo razlagali s svojim umom. Fizika in znanost na splošno opisujeta in razlagata svet. Razlaga je racionalna, kar pa še zdaleč ni objektivno. Na splošno je človeška izkušnja posredna, med zaznavo in izkušnjo obstaja umska interpretacija informacij o svetu, ki so prišle v telo preko čutil. Um obdeluje informacije v okviru linearnega psihološkega časa.

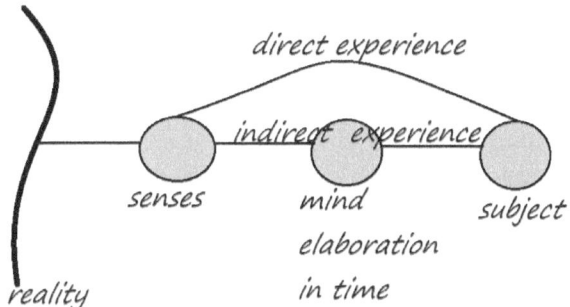

Znanstvena izkušnja sveta je posredna, v okviru linearnega časa, ki je le model razuma.

V fiziki je obdelava informacij iz čutil racionalna, zato je tudi izkušnja racionalna in še zdaleč ni objektivna. Kaj pomeni **objektivna izkušnja**? Pomeni, da nanjo ne vpliva um. Subjekt, ki se v celoti zaveda načina, kako njegov um obdeluje informacije, ima možnost izkusiti resničnost sveta brez vpliva uma. To je mogoče le s prakticiranjem meditacije. Meditacija vas popelje iz uma in vas spravi v zavest. Ko si zavest, vidiš, da nisi um.

Znanstvena izkušnja resničnosti je nekakšna racionalna iluzija. Znanost raziskuje na kvantitativni način, meditacija je namenjena za odkrivanje svetosti vesolja. Brez poznavanja svetosti, bomo uničili življenje na tem planetu v imenu dobička. Šele meditacija bo človeka zbudila iz njegove omejene miselne slike sveta in mu omogočila širše doživljanje sveta, kjer je vse medsebojno povezano.

Ko veste, da ste del ogromnega univerzalnega procesa, ki mu rečemo **ŽIVLJENJE**, se samodejno **prebudite.** Ne boste več zastrupili zemlje, ne boste kupovali stvari, ki jih ne potrebujete, skrbeli boste za naravo, vedoč, da je narava osnova vašega življenja.

"Out of the Box" razmišljanje za napredek fizike

Zadnjih dvajset let je moderno uporabljati ta izraz. Pomeni razmišljati na nov izviren način in dobiti dobre rešitve. Glavna težava je, da se je ta ideja pojavila z namenom, da bi zaslužili več. Naša ideja o dobičku je glavna ovira za napredek človeške družbe. V vesolju ni dobička, v naravi ni dobička, dobiček obstaja samo v človeškem umu. **Izven škatle** pomeni, da začnete razmišljati o tem, kaj lahko storite, da bo ta svet lepši, srečnejši, bolj zdrav.

Vsak dan lahko naredite čudovito vadbo, zelo koristno za razmišljanje zunaj okvira. Tiho sedite, zaprite svoje oči in si predstavljate, da ste daleč stran od Zemlje v prostranosti vesolja. Vidite naš planet, ki plava v vesoljnem prostoru .

Vprašajte se, katere so vaše najboljše sposobnosti in lastnosti, da lahko nekaj dodate lepoti življenja na tem planetu. 100% boste prejeli močne navdihe kozmične inteligence. Če ne verjamete v kozmično inteligenco, če mislite, da je edini namen življenja zaslužiti denar in ga porabiti, boste ostali v škatli. Če ste tako srečni, je povsem v redu. Če niste srečni, vam bo ta praksa spremenila življenje. **Res je tisto, kar deluje.** Vaša namera narediti ta svet lepši deluje.

Če ste znanstvenik, predvsem teoretični fizik, začnite gledati svoj um. Poiščite budistični center in opravite trimesečni tečaj vipassane. Z opazovanjem dihanja boste povečali sposobnosti opazovanja uma. Izstopili boste iz svojih misli in videli boste, da je vaš psihološki čas osnovni okvir, v katerem je vaša miselna skrinjica. Čez nekaj časa boste lahko vzeli svojo **miselno skrinjico iz časovnega polja** in odprlo se bo sveže videnje sveta. Videli boste, da je v vaših modelih čas le operator gibanja elementarnih delcev, masivnih teles in zvezdnih predmetov. Začeli boste živeti kar Julian Barbour imenuje "Tretja revolucija fizike".

Angleški fizik dr. Julian Barbour

Ko izstopite iz obeh škatel (prva je polje **uma** , druga je **linearni čas**), boste vstopili v najbolj vznemirljivo pustolovščino vašega življenja v fiziki: **bijektivno fiziko.**

Postali boste **Zavestni Opazovalec**, začeli boste odkrivati zakonitosti vesolja takšne kot so, brez vpletanja vašega razuma, ki bo postal vaš vdani služabnik. Odkrili boste, da je v vesolju vse popolno. Vse težave današnje fizike kažejo, da naši modeli niso resnične slike sveta. Metodo ponovne normalizacije (re-normalization) boste opustili, ker je ne boste več potrebovali. Izstopili boste iz religije Velikega poka in Standardnega modela.

Zavestni opazovalec

Opazovalec je jedro fizike. Svet opazuje s čutili, uporablja svoj um za izgradnjo znanstvenega modela fizične resničnosti, načrtuje eksperiment, da bi dokazal ali ovrgel model. Moramo razumeti, da opazovalec ni um in ni razum. Opazovalec je zavest, ki se zaveda umskega procesa. Poznamo dva načina razmišljanja:

- razmišljanje brez opazovalčevega nadzora (1)
- razmišljanje z opazovalčevim nadzorom (2).

Razlika med (1) in (2) je ogromna.

V (1) je opazovalec nezaveden. Razvit je do točke, ko se identificira z miselnim procesom: "Mislim, torej sem" (Kogito ergo sum).

V (2) se opazovalec zaveda, kako deluje njegov um. Razvit je do točke: "Zavedam se svojih miselnih dejavnosti, torej sem". Zavestni opazovalec (2) ima večjo kognitivno sposobnost zavedanja načina delovanja uma. Nezaveden opazovalec (1) se ne zaveda, kaj njegov um počne. Z umom se identificira v dobrem in slabem. Zavestni opazovalec je popolnoma brez uma. Um uporablja kot orodje. Nezavedni opazovalec je suženj svojega uma. Um je šef, opazovalec je hlapec.

Zavestni opazovalec je brez tistega, kar v psihologiji imenujemo "ego", nezavedni opazovalec pa je suženj ega. Zavestni opazovalec se ne identificira s podatki, ki jih njegov um sprejema preko čutil. Nezavedni opazovalec se popolnoma identificira z rezultati, ki jih ustvarja njegov um v procesu analize podatkov pridobljenih v čutilih.

Zavestni opazovalec ima kozmično znanje, nezavedni opazovalec pa samo človeško znanje. Zavestni opazovalec je povezan s celotnim vesoljem, nezavedni opazovalec pa je povezan le s svojim umom. Živi in doživlja vesolje v svoji majhni »škatli uma«, ki je znotraj »psihološkega časa«

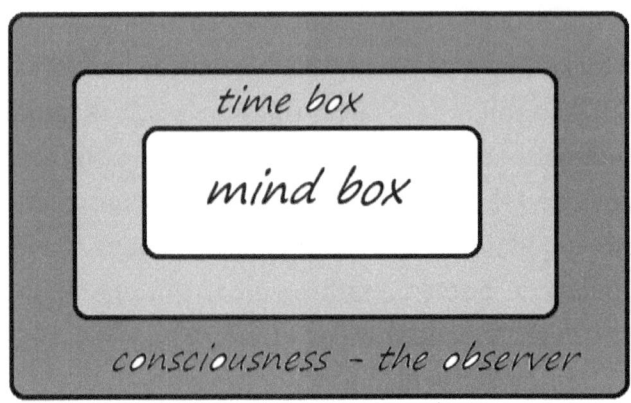

Zavestni opazovalec gradi fiziko na eksperimentalnih podatkih, nezavedni opazovalec podatke interpretira na način, da potrjujejo njegove stare ideje. Kozmologija Velikega poka in Standardni model sta šolska primera, kako nezavedni opazovalec uničuje lepote fizike. Leta 2020 je konec kozmologije velikega poka in konec Standardnega modela. Delam na tem vsak dan, ker "dovolj je dovolj". Fizika je prekrasno drevo, ki ima dve suhi veji, ki jih je tresa odžagati. Ni prav, da na tisoče študentov posluša predavanja o kozmologiji Velikega poka in Standardnem modelu, ki sta zgrešena.

Fizika lahko napreduje le z razvojem zavestnega opazovalec. Zavestni opazovalec je resnično inteligenten. Nezavedni opazovalec se samo pretvarja, da je inteligenten. Zavestni opazovalec ni čustveno vezan na svoje znanje. Nezavedni opazovalec se v celoti poistoveti s svojim znanjem. Je kot otrok, svoje igrače ne bo dal. Kozmologija Velikega poka in Standardni model sta igrači, ki ju je zgradil nezavedni opazovalec.

Nezavedni opazovalec doživlja fizično resničnost v okviru svojega psihološkega časa. Zavestni opazovalec je brez psihološkega časa. Albert Einstein je bil izven psihološkega časa, Max Planck je bil izven psihološkega časa, Ervin Schrödinger je bi izven psihološkega časa, Julian Barbour je izven psihološkega časa, tudi jaz živim izven psihološkega časa. Celotno vesolje je neodvisno od psihološkega časa in ni prav, da ga doživljamo v njegovem okviru.

Zavestni opazovalec gradi fiziko brez iluzij nezavednega opazovalca. Začnite opazovati 15 minut na dan kako deluje vaš um. Čez nekaj mesecev bo vaš um postal vaš služabnik. Opravil bo delo, ki ga boste zahtevali. Ne bo si izmišljeval iracionalnih idej, kot na primer "negativna gravitacija", "kronološka zaščita pred časom", "negativna masa" in tako naprej. Tu se začne prava fizika, ki je 100% resnična slika fizičnega sveta.

Bijektivna fizika rešuje Olbersov paradoks

V astrofiziki in kozmologiji je **Olbersov paradoks,** poimenovan po nemškem astronomu Heinrichu Wilhelmu Olbersu (1758–1840), znan tudi kot **paradoks temnega nočnega neba.** Argument, da tema nočnega neba nasprotuje domnevi o neskončnem in večnem vesolju. V hipotetičnem primeru, da je vesolje statično, homogeno v velikem obsegu in ga naseljuje neskončno število zvezd, se mora vsaka vidna črta z Zemlje končati na (zelo svetli) površini zvezde in zato naj bi nočno nebo moralo biti popolnoma osvetljeno in zelo svetlo. To nasprotuje opazovani temi ponoči.

Predlagane rešitve so sledeče:

1. »Vesolje ni neskončno«. Ta prvi predlog ne pride v poštev, ker je NASA izmerila, da je vesolje neskončno.
2. »Vesolje ni neskončno staro, Ima začetek. Določena svetloba še ni prišla do nas«. Ta drugi predlog ni pride v poštev, ker vesolje nima začetka, je večno.
3. »Vesolje se širi in določena svetloba je postala nevidna zaradi premika k rdečemu spektru, ki je posledica širjenja«. Tudi ta rešitev ne pride v poštev, ker vesolje se ne širi.

Bijektivna fizika nudi trivialno rešitev, ki temelji zgolj na astronomskih opazovanjih. Zdaj bomo našli rešitev za Olbersov paradoks, ki bo temeljila le na astronomskih opazovanjih. Za rešitev Olbersovega paradoksa moramo najprej razumeti, zakaj imamo dneve in noči. To je zato, ker se Zemlja vrti okoli svoje osi.

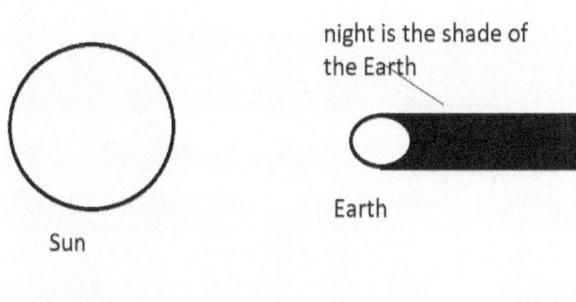

Noč je takrat, ko smo v senci Zemlje

Ko smo na sončni strani, imamo dan. Ko smo na strani, ki je stran od sonca, imamo noč. Noč pomeni, da smo v senci Zemlje. Zdaj si predstavljate, da se Zemlja preneha vrteti, ko imate dan. Imeli boste samo dan, noči ne bo več. Odločite se, da boste našli drugi planet in Zemljo zapustili s hitro vesoljsko ladjo. Potrebovali boste nekaj mesecev, da pridete tako daleč stran, da boste ponovno v temi. Ko se oddaljujemo od sonca, se bo njegova navidezna svetlost zmanjšala. Z vsakim dnem potovanja bo svetlobe manj in po določenem času boste v temi. Zvezde boste videli, kot jih vidimo ponoči, ko zremo v nočno nebo.

Formula navidezne svetlosti neke zvezde je naslednja:

$$b = \frac{L}{4\pi d^2}$$

kjer je b navidezna svetlost zvezde, L je svetilnost in d je razdalja do zvezde. Z naraščajočo razdaljo od zvezde se navidezna svetlost zmanjšuje. Prve dni na potovanju stran od Sonca, ste bili vedno v dnevu. Počasi je bilo svetlobe manj, končno je bila tema, kajti z večanjem razdalje d od Sonca se njegova navidezna svetlost manjša. *Zakaj imamo noč, ko smo na drugi strani Sonca? Ker je navidezna svetlost zvezd, ki so na območju končne oddaljenosti od nas, premajhna, da bi nam omogočila dan, ko imamo noč.*

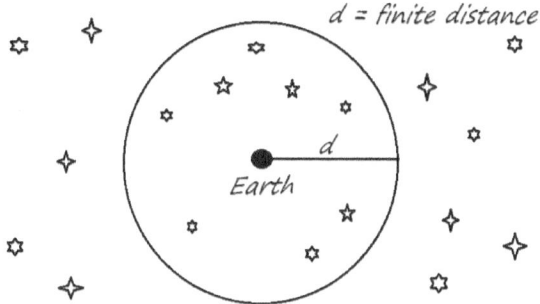

To je rešitev Olbersovega paradoksa, ki temelji na astronomskih opazovanjih. Zvezde, ki so na neskončni razdalji, na nas nimajo vpliva. Njihova svetloba nikoli ne doseže planeta Zemlje.

Črne luknje pomlajujejo vesolje

Stara ideja je bila, da črne luknje sesajo staro snov in materija čudežno izginja za obzorjem dogodkov. Ta pogled na črne luknje je nekoliko skrivnosten in nasprotuje prvemu zakonu termodinamike: energije ni mogoče ustvariti in je ni mogoče uničiti. Stara ideja je bila tudi, da je v sredini črne luknje singularnost, neskončni pritisk in neskončna gostota.

Novo razumevanje dogajanja znotraj horizonta črnih lukenj je bolj realistično. V mojem članku v Scientific Reports sem objavil izračun gostote vesoljnega prostora na površini protona, na površini našega planeta Zemlje, na površini nevtronske zvezde in na površini črne luknje. Presenetljivo je, da je gostota na površini protona manjša kot na Zemljini površini, vendar še vedno veliko večja kot na površini črne luknje. To izključuje obstoj mini črnih lukenj, ki jih je predpostavil Stephen Hawking in o katerih se danes pogosto piše v revijah za popularizacijo znanosti.

Po teh izračunih sem prišel na idejo, da atomi na površini črne luknje postanejo nestabilni zaradi majhne vrednosti gostote prostora. Predstavljajte si železno mrežo 10 x 10 cm. Če stojiš na tej mreži, boš stabilen, toda ko se razdalje povečajo na 20 x 20 cm, postaneš nestabilen. Ko so razdalje 100 x 100 cm, postanete nestabilni in padete skozi mrežo. Na površini Črne luknje se zgodi nekaj podobnega, atomi izgubijo stabilnost, ker so v prostoru z zelo majhno gostoto. Razpadajo v elementarne delce. Če uporabimo teorem „Newtonove lupine" pri izračunih gostote prostora znotraj črne luknje, vidimo, da se tik po horizontu dogodkov gostota prostora povečuje in se počasi zmanjšuje proti sredini črne luknje, kjer je enaka kot na površini.

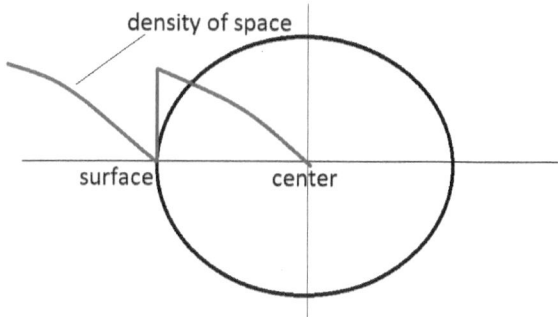

V središču črne luknje imamo enake okoliščine kot na površini. Snov razpada na svežo energijo v obliki elementarnih delcev in kozmičnih žarkov. Ko se ta pritisk v notranjosti stopnjuje, se lahko zgodi, da je gravitacija premajhna in zvezda eksplodira v supernovo.

V središču galaksij imamo super-masivne črne luknje, ki imajo v sredini luknjo. V procesu njihovega ustvarjanja je tlak v središču ustvarjal luknjo vzdolž rotacijske osi. Te črne luknje imajo curek elementarnih delcev, ki se širi v prostor.

Curek elementarnih delcev iz središča galaksije, kjer je ogromna črna luknja

V središču črne luknje materija nenehno razpada v elementarne delce. Ta proces ustvarja visok tlak, ki ustvari curek elementarnih delcev v prostor. V tem smislu črne luknje pretvarjajo staro energijo v obliki snovi, v svežo energijo v obliki elementarnih delcev. Črne luknje ohranjajo entropijo vesolja stabilno. So pomlajevalni stroji vesolja. To je nov model, kako deluje vesolje. Dnevi velikega poka so se iztekli.

Hawkingova ideja začetka vesolja je v nasprotju z meritvami NASE

Stephen Hawking in J.B. Hartle sta leta 1983 objavila članek z naslovom »Valovna funkcija vesolja« (Wave function of the Universe) v ugledni reviji Physical Review D. V tem članku pravita, da se je vesolje začelo iz matematične točke. NASA pa je leta 2014 izmerila, da je vesolje neskončno, ima obliko Evklidskega prostora. Prva stvar, ki jo moramo razumeti je, če je vesolje neskončno danes, je bilo in bo neskončno za zmeraj. Druga stvar je, da če se neka stvar začne is matematične točke in se širi s poljubno hitrostjo, bo zmeraj imela končno dimenzijo. Nekaj kar ima končno dimenzijo se nikoli ne more razviti v nekaj, kar ima neskončno dimenzijo. To so osnovna znanstvena dejstva, mi jim nihče ne oporeka, oziroma, jin ne more oporekati. Še en dokaz, da je teorija Velikega poka napačna. Zagovorniki Velikega poka bodo rekli, da se je v prvih trenutkih vesolje širilo z neskončno hitrostjo, kar je matematična filozofija, ni znanost. Pojem »neskončna hitrost« se v znanosti ne more uporabljati, ker ne vemo, kaj pomeni. Pojma »neskončna razdalja« in »neskončni volumen« vesolja se pa lahko uporablja, ker temelji na meritvah NASE.

Hawking nasploh je imel čudne ideje. Tam okoli leta 1998 je javno objavil, da bo naredil časovni stroj. Zahteval je od Britanske vlade veliko denarja. Takrat sem živel v Italiji. Časopisi so pisali o njegovi nameri. Klical sem veleposlaništvo Anglije v Italiji in hotel govoriti z veleposlanikom. Hotel sem mu povedati, da naj Hawkingu denarja ne dajo, da je čas le zaporedje gibanja v prostoru in so potovanja v času znanstvena iluzija.

Njegova tajnica me je pomirila in mi v smehu povedala, da Hawkinga ne jemljejo resno in denarja ne bo dobil. Tako to gre v fiziki. »Veleumi« si izmišljujejo stvari, ki ne morejo obstajati, podprejo jih z matematiko in poskušajo prepričati javnost, da jim da denar za njihove »raziskave«.

Prvi članek na temo Higgsovega mehanizma je bil zavrnjen. Potem so avtorji le uspeli članek objaviti in religija, ki ji danes rečemo »fizika ciklotronov«, se je začela. Fiziki se radi pohvalijo, da so bili nekateri sub-atomski delci najprej teoretično napovedani in čez par let »odkriti«. Njihove teoretske napovedi, so matematična filozofija, njihova »odkritja« so pa trenutni energijski fluksi, ki se sprostijo pri trkih in se takoj vrnejo v prostor-eter. Odkrili v resnici niso nič. Koliko časa bo ta igrica še trajala, nihče ne ve. Moja knjiga je dobronamerna spodbuda k temeljitemu razmisleku o smiselnosti raziskovanja v ciklotronih in o upravičenosti porabe ogromnih sredstev za raziskovanje delcev, ki so umetno ustvarjani in jih v naravi ni.

Kako velika je teža življenja?

Leta 1985 sem šel na zanimivo predavanje o evoluciji življenja. Po predavanju sem stopil do profesorja in ga vprašal ali je življenje kaj povezano z gravitacijo. Dejal je, da življenje in gravitacija nimata nič skupnega. Tudi moj prijatelj, ki je bil biolog, je imel enako mnenje. Bil sem trmast in sem se odločil izmeriti morebitno povezavo med življenjem in gravitacijo.

Skupina profesorjev mi je dala dovoljenje za uporabo takrat najbolj natančnih tehtnic, ki smo jih imeli na naši univerzi. Med letoma 1987 in 1990 sem meril razliko teže med živimi in istimi mrtvimi deževniki. Presenetljivo je imela živa masa večjo težo, kot enaka mrtva masa. Meril sem težo črvov zaprtih v epruvetah. Najprej žive in potem še mrtve. Mrtva teža se je zmanjšala za milijon dela žive teže. Pri petih gramih črvov se je teža zmanjšala za okoli 5 mikrogramov. To razliko lahko izrazimo z naslednjo enačbo:

$$Fg_{\check{z}iva} = Fg_{mrtva} + \Delta Fg$$

Gravitacija deluje močneje na živo maso kot na isto mrtvo maso. O rezultatu tega eksperimenta sem objavil nekaj člankov. Nedavno v reviji NeuroQuantology v članku z naslovom »Enotna teorija polja, ki temelji na bijektivni metodologiji«, novembra 2018.

Leta 2018 sem poskus ponovil na **komparatorju mase Mettler-Toledo AX107H,** ki je 100-krat natančnejši od tehtnice, ki sem jo uporabil v letih 1987–90. Dobil sem enak rezultat kot v študentskih letih. Naredil bom še nekaj ponovitev in rezultate, upam, objavil v uveljavljenem časopisu. Danes znanost ne mara odkritij, ki niso v skladi s sprejeto paradigmo. Nove stvari lahko odkrijete le v okviru uveljavljene znanosti, kar v fiziki pomeni Standardni model, v kozmologiji model Velikega poka.

Mettler-Toledo primerjalnik mase AX107H z dvema epruvetama z destilirano vodo, ki sta kontrolni in dvema epruvetama s črvi.

Predstavljate si, da bi lahko v globok zamrzovalnik postavili nekaj deževnikov. Takoj bi poginili, vendar bi njihova atomska zgradba ostala enaka, kar pomeni, da bi masa ostala enaka. To lahko izrazimo z naslednjo formulo:

$$Masa_{\check{z}iva} = Masa_{mrtva}$$

Gravitacija deluje močneje na živo maso kot na isto mrtvo maso. Kako to? Ima živ organizem posebno energijo, ki jo isti mrtvi organizem nima? Ali lahko ta energija minimalno poveča težo živega organizma? Odgovor je DA, v živem organizmu je posebna vrsta energije, ki minimalno poveča telesno težo. Nisem prvi, ki je meril ta pojav. Prvi je bil ameriški zdravnik Duncan MacDougall. Izmeril je umirajoče ljudi, razlika pa je bila približno 21 gramov.

Dr. Duncan MacDougall

O MacDougallovih rezultatih je leta 1907 poročal New York Times. MacDougall je domneval, da imajo duše ljudi težo, in je poskušal izmeriti maso, ki jo je izgubil človek, ko duša zapusti telo. MacDougall je izmeril spremembo teže šestih bolnikov v trenutku smrti.

V Bijektivni fiziki je prostor več dimenzionalen. Atomi so tri dimenzionalni in obstajajo v štiri dimenzionalnem prostoru, ki je vesoljni prostor. Sub-atomski delci so 4-dimenzionalne strukture vesoljnega prostora, vrtinci energije prostora. Obstajajo tudi višje energijske prostora. V teh dimenzijah ni entropije. Te strukture aktivno sodelujejo pri delovanju živega organizma.

Njihova prisotnost minimalno poveča težo živega organizma. Človekovo zdravje je v teh višjih dimenzijah prostora-etra. V Indiji jih imenujejo to energijo PRANA, na Kitajskem QI. Naša zahodna znanost pa še ni segla tako daleč. Nekega dne bo. Zahodna znanost je zelo pretenciozna v svoji ideji, da je tisto, kar je mogoče izmeriti, resnično in česar ni mogoče izmeriti, ni resnično. Življenjske energije zaenkrat ni možno direktno meriti in znanost pravi, da je ni. Živimo v iluziji, da je tisto, kar je "znanstveno", resnično. Česar znanost ne more izmeriti in ne more dojeti, je "ne-znanstveno" in tako neresnično. Zato bom v naslednjih letih še ponovil poskus s črvi, ki dokazuje razliko v teži med živo in isto mrtvo maso.

Merimo lahko le majhen del sveta. Večjega dela sveta ne morete izmeriti, spoznate ga lahko z izkušnjo. Človeška izkušnja sega daleč preko racionalnega uma. Vesolje je čudež in življenje je čudež. Izstopite iz vašega uma, izstopite iz vašega linearnega časa in skrivnost se bo razkrila.

Bijektivna fizika in razvoj družbe zdravih posameznikov

V bijektivni fiziki je vesolje primarni sistem. Galaksija Mlečna cesta je prvi podsistem, naš sončni sistem je drugi podsistem, planet Zemlja je tretji podsistem, narava je četrti podsistem in človeška družba je peti podsistem. Da bi lahko dobro delovala, mora človeška družba upoštevati zakone, ki delujejo v višjih sistemih. V naravi in vesolju ni koncepta »profita«, ki je postal glavni zakon, po katerem deluje človeška družba. Postavili smo profit pred življenje. Uničujemo naravo v imenu profita, zastrupljamo prst s pesticidi, jemo hrano polno kemije. Bolezen je postala ekonomska kategorija, razvijamo »industrijo bolezni«. Profit je najbolj uničevalna ideja človeške družbe. V naravi in v vesolju se energija prosto pretaka in spreminja v druge oblike energije, vesolje in narava ne poznata entropije. Ideja profita je glavni vzrok naraščanja družbene entropije: bolezni, nasilja, trpljenja, degradacije okolja.

V bijektivni fiziki je človek podsistem, ki ima sledeče elemente: telo, um (misli in čustva) in zavest. Zavest je element, ki se zaveda delovanja uma, se pravi se zaveda misli in čustev in njihovega delovanja v fizičnem svetu. Vse kar smo ustvarili na planetu, se je najprej porodilo v umu.

Lahko opišemo človeka kot množico X, ki ima tri elemente:

$$X: \{telo_x, um_X, zavest_x\}$$

Tudi v modelu človeka, ki ga opišemo z množico Y, ima človek tri elemente:

$$Y: \{telo_y, um_y, zavest_y\}.$$

Med množico X in množico Y je bijektivna preslikava. Da bi človek kot sistem bil stabilen, mora zavest v njem delovati. Zavest je temeljni element človekove psihične stabilnosti, resnične etike in telesnega zdravja. Če zavesti ni, človek laže, krade, se pretvarja, spletkari, je dvoličen. Zavest je element, ki stabilizira človeka, ker zavest se ne spreminja, je konstanta. Vsak dan imamo druge misli in čustva, zavest, ki jih opazuje in se jih zaveda, je pa zmeraj ista.

Znanost danes misli, da je zavest del uma, in tako zavesti ne razvija. V šolah razvijamo le um, današnja šola je iz časov Marije Terezije. Zavest je bistveni element človeka in šola bi morala dajati razvoju zavesti največ poudarka. Ko bomo sistematično začeli razvijati zavest pri ljudeh, bo to avtomatično tudi pomenilo razvoj družbe. Družba je sistem, ki je sestavljena iz ljudi, njenih osnovnih elementov.

$$družba = \sum_{i=1}^{N} človek_i$$

Stabilnost družbe je vsota stabilnosti njenih elementov. Če so posamezniki stabilni, bo tudi družba stabilna. Če pa v družbi prevladujejo nestabilni ljudje, bo tudi družba nestabilna kar pomeni, bolezen, nasilje, uničevanje narave. Stabilni ljudje pomenijo stabilno družbo, ki se bo razvijala v skladu s kozmičnimi zakoni. Sistematični razvoj zavesti v vsakem posamezniku, je temelj družbenega razvoja.

Lahko imamo najboljše zakone, toda, če se jih ljudje ne držijo, družba ne deluje dobro. Več zavesti pomeni manj prisile, manj zakonov, več zdravja, manj zdravil in manj zdravnikov. Razvoj zavesti je temelj za razvoj »industrije zdravja«, ki ga simbolizira Vetrnica zdravja v parku hotela Primus na Ptuju.

Ko boste na Ptuju, pojdite na Vetrnico zdravja, v njenem središču je veliko energije življenja. Čas se ustavi, vaše telo, um in zavest se bodo povezali in vam tako dali nov zagon, igrivost in veselje do življenja.

Harmonija telesa, uma in zavesti je triada človekovega zdravja, resničnega uspeha in sreče. Današnji življenjski slog zahteva veliko umsko aktivnost, telesne aktivnosti je na splošno premalo, aktivnosti zavest pa v glavnem ni, ker je zavest v današnji družbi razumljena kot del uma.

Triada (tročan) »telo – um – zavest«

Zaradi umske preobremenjenosti prihaja do izgorelosti. Potrebno je zmanjšati aktivnost uma, tako da je v mirovanju, ko ga ne potrebujemo. To lahko storimo le z aktiviranjem zavesti. Um ustvarja misli in čustva, zavest se jih zaveda. Opazujte par trenutkov vaše dihanje. Mogoče boste v začetku mislili o tem, kako dihate. Pustite um naj razmišlja o tem kako dihate, vi bodite pozorni na dihanje, na njegov zvok. Pozornost aktivira zavest. Ko se pozorni na dihanje ali na karkoli, s tem aktivirate zavest. Odlično je, biti pozoren ko uživate hrano. Bodite pozorni na vsak grižljaj, če ste v družbi govorite koliko je potrebno, fokus na hrano je pomemben. Ko jeste pozorno, boste prej siti, imeli boste boljšo prebavo in spoznali boste katera hrana je za vas primerna. Ne velja, da je vsaka hrana za vsakogar. Človek naj je, za kar čuti, je dobro za njegov organizem.

Ko aktiviramo zavest, se aktivnost uma avtomatsko zmanjša. Pomembno je, da se vsak dan pol ure gibljemo in ustvarili bomo harmonijo med telesom, umom in zavestjo. Ta harmonija je temelj zdravja, vzdržuje in krepi naše zdravje.

Zavest nam tudi omogoča, da filtriramo neustrezno »psihološko hrano«, da ne gledamo stvari na televiziji, ki poneumljajo. Na primer vse te Turške in Mehiške nadaljevanke so polne seksizma, spletk, nasilja, prevar. Kot pravi pregovor: »Povej mi kaj ješ in povem ti, kdo si«. Velja tudi: »Povej mi kaj gledaš in povem ti, kdo si«. Vse kar vidimo in slišimo je energija, ki vstopa v naš organizem. Moramo biti pozorni, da je nepotrebne navlake čim manj. Če v telo vnašamo zdravo hrano brez pesticidov in kemije, če dihamo čist zrak in živimo v pozitivnem čustvenem vzdušju, so to najboljši pogoji za naše zdravje. Zato je potrebno vse čustvene zaplete v službi in doma razrešiti v roku 24 ur. Takrat je zaplet zlahka rešljiv. Če pa zastara je kot zastarana rana. Kirurg jo mora obrezati, zašiti, mogoče je potrebna celo plastična operacija. Pozitivno čustveno vzdušje je vsaj toliko pomembno kot zdrava hrana brez strupov, mogoče je celo pomembnejše.

Pomemben element zdravja je tudi počitek. Nekateri ljudje premagujejo stres tako, da vsak dan po službi tečejo. Mogoče je nekaj časa to dobro, ampak na dolgi rok, organizem rabi tudi počitek. Ker je um preveč aktiven, se ljudje ne morejo več umiriti. To lahko vodi v izgorelost. Ko aktiviramo zavest, se stvari spremenijo na bolje. Zavest ima to čudovito lastnost, da je aktivna in hkrati pasivna. Na primer zjutraj se zbudite, greste pred hišo, slišite jutranje ptičje petje in obstanete v trenutku. Polno doživljate lepoti jutra, ste aktivni v tem doživljanju, ampak nič ne delate. V takih trenutkih se vaš organizem polni z življenjsko energijo, ki je v naravi. Preživite vsaj dva dni v tednu v naravi brez velikih aktivnosti: sprehodi, vrtnarjenje, ležanje v travi. Vzemite si čas zase. Napolnite najprej sebe. Ko ste polni življenja lahko dajete. Zelo pomembno je tudi, da ste lahko skupaj v družini, brez posebnih aktivnosti. Biti skupaj in čutiti bližino sočloveka ali tudi bližino živali, je krepčilno in nam daje življenjsko energijo.

Srečko, Ferdinand in Lucija

Glavno sporočilo moje knjige je, da je potrebno za napredek znanosti in razvoj zdrave družbe potrebno izpeljati renesanso fizike, ki je kraljica znanosti. Fizika je temelj naravoslovnih znanosti in bo z aplikacijo teorije sistemov na družboslovje postala tudi temelj družboslovnih znanosti. Moje vizija renesanse v fiziki je »bijektivitizacija fizike«, v smislu razvoja fizikalnih modelov, kjer ima vsak element točno določen »bijektivni element« v fizikalnem vesolju. Tako bomo iz fizike izločili »matematično filozofijo«, ki danes prednjači in uničuje lepoto fizike.

Slovenski fizik, filozof in publicist Dr. Sašo Dolenc pravi v intervjuju za Delo, 20. februarja 2020: »Znanost je najboljši približek resnice«. Ta velika zmota je posledica glorifikacije znanstvenega razuma in znanstvenega doživljanja sveta, ki je daleč od resničnega doživljanja sveta. Resnična definicija današnje znanosti je: »Znanost danes, je nova religija razuma«. Resnica je onkraj linearnega psihološkega časa, onkraj razumske analize. Svet resnično doživlja šaman, mistik. Doživlja ga ne da bi ga njegov um poprej analiziral in opisoval. Ptujski kurent, ki je avtohtoni šaman, je bližje resnici sveta kot teoretični fizik v CERNU. Vsem, ki vas zanima poglobljeno doživljanje sveta onkraj znanstvenega racionalizma priporočam branje knjige Dr. Štefana Čelana »Kurent, korant. Ali veš kdo si«?

Kriza današnje družbe je tudi posledica znanstvenega redukcionizma, ki je vse česar ne moremo izmeriti, označil za neznanstveno in neresnično. Dr. Karel Gržan v svoji knjigi »95 tez, pribitih na vrata svetišča kapitalizma za osvoboditev od zajedavskega hrematizma« natančno opisuje dano družbeno situacijo in pot proti resničnemu razvoju družbe, ki temelji na spodbujanju človekovega duha, zavesti, ki sta temelj pravičnosti in sodelovanja.

Dr. Marko Pavliha v svoji knjigi *»Pritisni na tipko Človek«* jasno predstavi glavni problem današnje družbe: *»Nepopisni pohlep je izmaličil civilizacijsko rapsodijo v kakofonijo, ki buči v totalno polomijo. Skrajni čas je, da na poslednjem odrešilnem in humanistično uglašenem »računalniku« pritisnemo na tipko Človek«.* Ta tipka je »zavest«, bistvo človeka, narave in vesolja.

Omenjene knjige bi morale postati obvezna literatura na vseh naravoslovnih in družboslovnih fakultetah v Sloveniji. V starodavni Indiji je veljalo: Najprej naj se učenec poglobi v zavest. Ko spozna zavest, mu lahko damo znanje. Zavest je primordialna inteligenca, je os kolesa razvoja, razum je periferna inteligenca, je le obod kolesa, ki ustvarja znanje in tehnologijo.

Da bi znanje lahko pravilno uporabili, je potrebo imeti jasno vizijo, treba je videti iz točke središča, iz osi življenja, ki je zavest. Današnja znanost tega pogleda nima, gleda le z očmi perifernega razuma.

Razum, ki je presvetljen z zavestjo je prožen in ni vezan na svoje rezultate. Razum, ki nima stika z zavestjo je ojeklenel. Drži se rezultatov svojega dela kot pijanec ograje in nima avto-refleksivnega odnosa do svojih rezultatov. Ojekleneli razum je iz znanosti naredil religijo, kjer je »napredek« možen le v okviru obstoječih dogem. Teorija Velikega poka in fizika pospeševalnikov sta rezultat ojeklenelega razuma, in predstavljata temeljno oviro za napredek fizike, znanosti in človeške družbe.

Tudi Darvinizem ni znanstvena teorija, ampak je dogma. Ideja, da je evolucija življenja rezultat slučajnih mutacij in boja za obstanek ni znanstvena, ker nima temeljev na empirizmu. Vzemite 50 šesterokrakih kock in jih položite na pladenj tako, da bo število 1 zgoraj. Začnite tresti pladenj tako, da bodo kocke poskakovale in se bo število zgoraj menjalo. Lahko tresete pladenj 10 let in nikoli se ne bo zgodilo, da bi vseh 50 kock imelo število 1 zgoraj. Ta poskus nam pove, da se urejenost vsakega sistema, ki je podvržen slučajnim spremembam, manjša, njegova entropija se veča. To pomeni, mutacije niso slučajne. Tudi teorija »samoorganizacije materije« ni znanstvena, ker dejstvo, da se materija razvija v življenje ne dokazuje, da se materija samoorganizira. V Teoriji sistemov je življenje podsistem vesolja. Evolucijo življenja moramo obravnavati kot nek kozmični pojav, ker se dogaja v vesolju. Ker je živ organizem inteligentni podsistem vesolja, je zagotovo tudi vesolje kot primarni sistem inteligentno. Evolucija življenja temelji na kozmični inteligenci. Mi smo pa v znanosti razum, ki je le človekova periferna inteligenca, razglasili za edino inteligenco v vesolju. To je glavna zabloda znanosti, ki botruje vsem drugim zablodam. Nisem pristaš kreacionizma, ki predpostavlja obstoj zunanje sile, Boga, ki ustvarja življenje. V Bijektivni fiziki je vesolje inteligenten in zavesten sistem. Ideja Boga, kot neke sile nad vesoljem, je mrtva. Za lažje razumevanje stvari, pravim, da je vesolje samo Bog, da ni Boga nad vesoljem. Ta pogled na svet nam nudi rešitve za vse aktualne probleme. Življenje postavlja pred profit, zdravo kmečko pamet pred akademsko filozofiranje.

Poglejmo si primer reševanja Slovenskega zdravstva. Bijektivna raziskovalna metoda daje jasne odgovore: 1. Potrebno je v naslednjih desetih letih hrano pridelati doma brez pesticidov, brez kemije. Prevažanje hrane po svetu z letali iz vseh celin na vse celine je nepotrebno in povečuje globalno segrevanje. Zakaj bi Slovenci morali uporabljati česen, ki pride z letali iz Kitajske, če ga lahko pridelamo doma? Boj proti klimatskim spremembam narekuje zmanjšanje transporta hrane in lokalno pridelavo brez strupov. 2. Potrebno je uvesti v osnovne in srednje šole vrtnarjenje kot obvezen predmet, kjer se učenci seznanijo z dejstvom, da je zdravje v zdravi prsti, čisti vodi in čistem zraku. 3. Potrebno je povedati ljudem, da sta dva obroka mesa na teden več kot dovolj in da je potrebno uživanje mlečnih izdelkov in belega sladkorja zmanjšati na minimum. O tem sem že večkrat obvestil pristojne državne institucije in odgovora ni. Ojekleneli razum odvrača vse, kar ni v skladu z njegovimi dogmami. Celotnemu svetu je vsiljen ameriški življenjski slog, ki temelji na »industriji bolezni«. 70% prebivalcev v ZDA dnevno uporablja zdravila. Bolezen je postala statusni simbol. Ljudje se družijo na osnovi bolezni, ki jo imajo: društvo diabetikov, društvo obolelih na prostati, društvo srčnih bolnikov in tako naprej. Zdravniki so postali predpisovalci zdravil, vsakih par let se »izumljajo« nove bolezni in posel farmacevtskih multinacionalk cveti. Farmacija obvlada znanost, medicino in politiko.

Razum presvetljen z zavestjo lahko reši zahtevne probleme v trenutku. Ojekleneli razum bo pa naredil za razrešitev nekega problema tri doktorate, tri projektne naloge in nič se ne bo premaknilo naprej. Takšno je stanje v znanosti danes. Denar se porablja za iskanje novih odkritij v okviru obstoječe paradigme. Bistvenega napredka pa ni. Kar se tiče družboslovja, ki bi morali biti akter družbenega razvoja, moja vizija družbenega razvoja je »industrija zdravja«. Imam 62 let in 45 let nisem bil hospitaliziran. 45 let državna blagajna ni z mano imela nobenih stroškov. Bil sem nazadnje v bolnici, ko sem kot dijak Ptujske gimnazije skakal preko 10 stopnic in si enkrat zvil zapestje. Potrebna je bila manjša operacija zapestja in bil sem v bolnici dva dni. Dejstvo je, da ko si zdrav lahko delaš in ustvarjaš dohodek zase in za državo. Ko si bolan, ne moreš delati in si strošek države. Trend naraščanja obolelosti prebivalstva bo prinesel finančni kolaps sistema. Da bi lahko vzdržali finančno breme državnih izdatkov za zdravstveno blagajno, bomo morali najemati kredite iz tujine. Moja vizija je »industrija zdravja«, zdravje pomeni prihodek za posameznika in za državo. Za vizijo zdravja danes v Sloveniji ni posluha in ga tudi ne bo, dokler ne prebudimo zavest ljudi. Preveč ljudi služi mastne denarce na račun bolezni, ki je postala poleg orožja in alkohola najbolj pomembna ekonomska kategorija svetovne ekonomije. Že od druge svetovne vojne naprej se umetno ustvarjajo vojne, kajti brez vojn vojaška industrija propade. Na tisoče ton strupov se vsako leto porabi za kmetijstvo, tako da je prst zastrupljena in na pol mrtva. Iz zastrupljene prsti raste zastrupljena hrana, ki povečuje obolevanje prebivalstva. Logika kapitalizma je sklenjena: več strupov, več bolezni, več profita. Globalno gledano se je človek ujel v zanko lastnega razuma, podlegel je ideji profita, kot gonilu družbenega razvoja in uspešnosti nekega naroda oziroma države.

 Uspešnost nekega naroda se meri v zdravju ljudi, v njihovi sreči in radosti do življenja, v čistosti prsti, rek in zraka. Mi pa živimo v iluziji, da je bruto domači proizvod (BDP) pokazatelj razvoja. Liberalni kapitalizem je ustoličil denar kot edinega boga in o tem nas vsak dan prepričuje v medijih. Ogromno denarja gre za načrtno poneumljanje ljudi preko medijev. Cvet tega projekta je oddaja »Kmetija« in podobne, kjer se človeka banalizira na nivo seksa, ljubosumja in spletkarjenja. To je odlična hrana za človeški um, ki ljudi naredi slepe in gluhe za njihove resnične potrebe, za resnične potrebe družbe in njenega preživetja. Liberalni kapitalizem uporablja medije zato, da človeka drži na periferiji njegovega bitja. Tako ohranja »potrošnika«, ki trdo dela, da lahko kupi nekaj, česar ne potrebuje.

Vizija energetike v Sloveniji
Kakšno leto pred začetkom graditve T6 je bila v Cankarjevem domu okrogla miza na temo razvoja

energetike v Sloveniji. Bile so velike debate o tem, ali naj gradimo T6 ali drugi blok nuklearke. Prijavil sem se k besedi in predlagal tretjo opcijo pridobivanja energije kot jo imajo v občini Cmurek v Avstriji takoj za mejo. Vso energijo pridelajo doma, iz lesnih sekancev, kravjega gnoja in drugih organskih snovi. Decentralizirano pridobivanje energije po njihovem vzoru je bolj rentabilno, ne rabimo več daljnovodov, ne rabimo uvažati nafte. V občini Cmurek že več kot 20 let ne rabijo nafte iz uvoza. Vsi stroji in avtomobili grejo na doma izdelana goriva. Voditelj okrogle mize se mi je zahvalil in takoj predal besedo naprej, debate o mojem predlogu ni dovolil. Videl sem »gospode«, ki so se potili v njihovih oblekah, videl sem njihove misli: »Nategnili bomo Slovenski narod še za eno neumnost, pobrali bomo provizije, T6 pa tako in tako je »energetski dinozaver« in ga bodo čez čas zaprli«. Kako je mogoče, da je Slovenska država dovolila tako neumnost? Na primeru T6 je država odpovedala, ni preprečila te megalomanske neumnosti.

Pripravlja se nov nateg za slovenski narod, gradnja drugega bloka nuklearke. Zasledil sem prefinjene in zavajajoče informacije v medijih o tem »resnično potrebnem energetskem objektu, ki nas bo popeljal v lepšo bodočnost. Očitno je multinacionalka, ki prodaja atomske elektrarne že »podmazala« nekaj

»strokovnjakov«, ki nam sedaj v visoko letečem jeziku razlagajo o smiselnosti drugega bloka jedrske elektrarne. Upam, da bo tokrat država odločno preprečila to drugo potencialno »polomijo Slovenske energetike«. Z vidika ohranjanja okolja so jedrske elektrarne nesprejemljive. Večina ljudi ne vedo, da jedrska elektrarna dela energijo v parni turbini. Razpad atomov, ki sprosti velike količine toplotne energije, upari vodo, para pa potem žene turbine. Da ustvariš radioaktivni material, ki je nevaren tisočletja zato, da iz vode narediš paro, je eden največjih kiksov tehnologije. Dve atomski centrali v svetu sta že eksplodirali. Na svetu jih imamo okoli 440. Dve sta eksplodirali, kar pomeni, da je možnost eksplozije ene od ostalih 438 nukleark 0,45%. Glede na nevarnost, ki jo prinaša eksplozija nuklearke, je nedopustno, da v Sloveniji sploh razmišljamo o tem. Če se zgodi nesreča, postane tretjina našega ozemlja neprimerna za bivanje. Ampak »eksperti« nas bodo poskušali prepričati, da je nuklearka od Boga poslan načrt za srečo in blaginjo Slovencev. Tako to gre v turbo-kapitalizmu. Za mastno provizijo se tudi na debelo laže in zavaja javnost.

Edina pot iz tega kaosa je sistematični razvoj zavesti pri ljudeh. Temelj družbenega napredka temelji na renesansi fizike in znanosti nasploh. Renesansa pomeni izkustveno raziskovanje zavestnega opazovalca, ki je funkcija zavesti same. Bistvo znanstvenika, politika, gospodarstvenika, človeka nasploh, je daleč onkraj misli. Edino iz te točke lahko izpeljemo renesanso znanosti, ustvarimo bijektivno znanstveno sliko sveta, ki je zanesljiv smerokaz našega razvoja, v katerem bo ljubezen do življenja močnejša od nagona po profitu. Zavest in materija sta ločena le v človekovem znanstvenem in filozofskem umu. Korant to ve od pradavnine naprej, čas je, da to spozna tudi fizik in vsak drug znanstvenik.

Dragi bralec, draga bralka upam, da te je knjiga navdušila. V Bijektivni fiziki ni Boga onkraj vesolja. Vesolje samo je Bog. Zavest in materija sta eno, vesolje je ne-ustvarjeno, živo in večno. Vesolje je naš dom, narava je vir in edini temelj našega življenja in preživetja. Čas je za prebuditev in ta čas je SEDAJ.

www.ingramcontent.com/pod-product-compliance
Lightning Source LLC
Chambersburg PA
CBHW030948240526
45463CB00016B/2085